김형조 PD의 발로 찾는

북한 산경 이야기

김형관 FD의 발로 찍는
부안 사계 이야기

펴낸날 | 2021년 2월 28일

지은이 | 김형관

편집 | 정미영
디자인 | 김대진
마케팅 | 홍석근

펴낸곳 | 도서출판 평사리 Common Life Books
출판신고 | 제313-2004-172 (2004년 7월 1일)
주 소 | 경기도 고양시 덕양구 중앙로558번길 16-16. 7층
전 화 | 02-706-1970 팩 스 | 02-706-1971
전자우편 | commonlifebooks@gmail.com

ISBN 979-11-6023-305-6 (03980)

김형관 PD의 발로 찾는

북한 산정 이야기

김형관 지음

평사리
Common Life Books

책을 펴내며

부안은 산山, 바다海, 들野이 잘 어우러진 곳이다. 또한 역사 문화유산과 민속학 자료들의 보고이다. 그래서일까, 부안은 전국에서 산성이나 토성이 제일 많다. 필자는 오랫동안 부안의 마을 굿과 당산제를 조사해 왔다. 이 일로 마을 어르신들을 만날 때마다 마을 뒷산에 산성이 있었다는 말을 자주 들었다. 성곽을 연구하는 학자들도 산성들의 위치를 동의해 주었다.

필자는 과연 부안 산성이 몇 개나 될지, 어떤 역할을 했을지, 현재까지 산성의 흔적은 얼마나 남아있을지 궁금해졌다. 그래서 지난 30여 년 동안 부안의 산과 골짜기와 마을을 찾았다. 최근 몇 년은 카메라를 들고 고지도와 현재 지도를 세심하게 살피며, 본격적으로 산성 흔적들을 찾아 돌아다녔고 기록했다. 그리고 역사 문헌과 연구 성과를 살폈고 학자들의 자문을 구했다. 이 결과로 부안에는 돌로 제대로 쌓은 석성을 비롯하여 낮은 구릉지의 토성까지 총 스물다섯 개의 성이 있었다는 결론에 이르렀다. 이를 뒷받침하기 위해 그동안 공부한 자료와 이미지들을 분석하여 분류했고 성과를 모아《김형관 피디의 발로 찾은 부안 산성 이야기》라는 한 권의 책으로 엮었다.

현대 지도를 살펴보면, 부안은 3면이 바다와 강으로 둘러져 있다. 하지만 삼국시대 부안은 4면 모두 바다와 강이었던 섬과 같은 지역이었다. 서쪽은 서해 바다가 접했고, 북쪽으로 동진강이 흘러 동쪽 내륙으로 내달린다. 이 강들에는 배들이 정박할 수 있을 정도로 강폭이 넓었다고 한다. 남쪽에는 줄포만과 곰소만, 그리고 유천 청자의 도요지가 발달되었다. 부안에 삼국시대 축조한 산성이 많다. 그 이유는 무엇일까? 바다와 강, 내륙을 이용하여 육지에 빨리 도달할 수 있고, 바다에서 군함들이 빨리 숨기기 좋은 지형이기 때문이다.

이런 지형과 역사적인 이유로 부안 산성은 다른 지역 산성들과 다른 독특함을 보인다. 부안에서 산성은 해안, 강가, 갯벌과 접한 낮은 구릉지에 위치한 경우가 많다. 이로 인해 산성들도 그 기능과 역할 면에서 다양하다. 높이로 보자면, 대부분 50~80m로 마을 생활권에 인접해 있다. 하지만 높이 500m로 꽤 높은 산성도 있다. 부안의 산성들은 산성 간의 거리가 상당히 가깝고 밀집해 있다고 할 수 있다.

이런 부안 산성의 독특한 점을 살려서 이 책에서는 기존의 산성과 토성을 다섯 가지로 분류했다. 갯벌의 제염지 인근에 있어서 소금 저장고를 겸했던 '소금 산성', 호남평야에서 거둔 곡식을 보관하고 세계 최고의 예술품인 고려청자가 났던 '곡물·도자기 산성', 나당연합군과 왜구를 막기 위한 '전투 산성', 도읍의 역할을 했던 '진鎭 산성', 그리고 바다에서 침입하는 적을 막기 위한 '해안 산성'이다. 이에 더하여 필자가 새롭게 조사하고 발굴한 산성들로 그동안 '잊혀진, 그래서 잃어버린 산성'을 따로 추려 넣었다.

부안의 산성으로는 '주류성(우금산성)'을 첫 번째로 꼽을 수 있다. 현재까지 산성의 성책지와 성곽 일부가 남았고 규모도 제일 크다. 우금산성은 백제부흥군이 나당연합군에 맞서 지키려 했던 주류성으로 알려져 있다. 이런 전투 산성으로 의상산성, 사산리산성, 소산리산성, 백산성을 들 수 있겠다. 마을의 뒷산에 토성을 이룬 곳으로 구지리토성, 반곡리토성, 용화동토성, 부곡리토성, 하입석토성, 염창산성, 역리토성을 살펴볼 수 있다.

산성의 또 다른 묘미는 산록(山麓, 산기슭)에 위치한 산성들에서 패총과 기와장, 생활 토기들을 발굴하는 기쁨이다. 삼국시대 것은 물론 11~13세기 유물이 발견되기도 한다. 이곳들은 1970~1990년대까지 마을 놀이터로 이용된 장신리산성을 비롯하여 소격산성, 대항리산성이 있다. 또 주민들의 생활 터전과 일치하는 성소산산성, 역리토성, 수문산성, 영전리토성, 장동리토성, 유천리토성, 당하리산성 등도 재미있다. 동학혁명의 기포지였던 백산성과, 역사 기록에 나오나 그 위치가 논쟁거리인 두량이성은 더 많은 조사와 연구가 필요해서인지 관심이 더 갔다. 두량이성의 정상 부근에는 집터와 7부 능선의 성곽 형태를 찾을 수 있고, 지도상의 부안과 줄포의 위치, 그리고 주류성 사산리산성의 옆이라는 점에서 분명히 두량이성이라고 할 것이다.

산을 좋아하는 사람들은 많다. 하지만 산 속에서 보물찾기는 전혀 다른 일이다. 수풀 속에 가려져 흩트러진 것은 물론이요, 농경지나 묘지로 인해 유실되고, 간척지로 메워져서 그나마 남아있던 성곽의 윤곽을 볼 수 없는 곳이 대부분이니, 산속에서 조막만한 보물을 찾는 것보다 어려웠다. 필자가 부안의 산성을 찾아다닌 것은 부안이 필자의 고향이기 때문만은 아니다. 부안이 가진 바닷가 고을의 지형적 특성과 삼국시대 이래 그 역사적 독특함을 후배들이 이 산성들을 통해 다시금 확인했으면 했기 때문이다. 나아가 부안만이 가진 독특한 산성문화가 좀 더 세심하게 발굴되고 역사 문화적 자산으로, 많은 사람들이 찾는 명승지로 현대화되기를 기대하기 때문이다.

이 책은 현장 조사에서 만난 현지 마을 어르신들의 증언과 문헌에 기대고 있다. 이 자리를 빌어 어릴 적 기억을 소상하게 베풀어준 이분들께 고마움을 전한다. 필자의 전공은 민속학이어서 산성에 대한 연구는 힘이 부쳤다. 하지만 역사학, 지리학, 고고학 등 연구 성과를 막힘없이 열어준 선배 연구자들께도 고마움을 전한다. 필자는 산성을 찾아 부안 곳곳을 떠돌았다. 쉽지만은 않았지만 성곽의 흔적을 확인하고 나서는 그 기쁨이 이루 말할 수 없이 컸다. 어떤 곳은 어릴 적 놀이터이기도 했다. 어떤 곳은 자주 지나며 스쳐 바라보던 낮은 언덕이기도 했다. 현재는 민묘와 옥전문답으로 사용되는 곳이 많아 흔적을 찾기가 쉽지는 않았지만, 흔하게 일상에서 보던 곳이 역사 속에 기억될 산성이거나 토성이었다는 발견이 아직도 가슴을 뜨겁게 한다.

임인년 정월, 부안군 보안면 선돌마을 집에서
김형관

부안 산성 위치도

부안 관광 안내 지도 (부안군 제공)

1부

소금 생산기지를 지키는
소금 산성

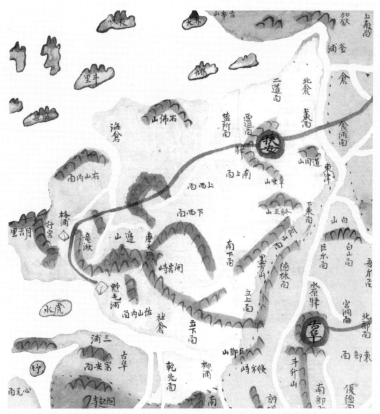

부안현,《청구도青邱圖》(1834년. 서울대학교 규장각 소장)

염창산성 廉倉山城

제염지와 소금을 굽는 마을 산성

삼국시대 | 테뫼식 | 계화면 창북리 산50-1번지 일대

위치와 규모

염창산성은 부안군 동진반도의 서북단에 위치하고 계화도와 마주하고 있다. 낮은 구릉지대가 표고 52m의 산봉우리를 테뫼식으로 감은 성지이다. 성곽은 남북으로 긴 타원형 평면을 이루고 있으며, 백제시대 성책지와는 달리 토루를 쌓았다. 그러나 기본 형태에 있어서는 전통적인 테뫼식 토루성土樓城이다. 실측 결과, 주변 490m, 서남장축의 가늘고 긴 원형평면으로, 내부 길이 190m, 중간부 폭 66m에 이른다. 염창산 복사면을 따라서 외면에 토루土樓를 쌓고, 내부에 회랑을 둔 고려시대 축성의 특징을 보여준다.

소금창고인 이유와 부안의 제염지들

염창산鹽倉山이란 명칭은 소금창고라는 뜻이다. 산성에 소금창고를

대벌마을 쪽에서 본 겨울철 염창산성

설치했었는지는 확실치 않으나 이 성은 아마도 고려시대 왜구에 대비하여 수축한 것으로 추정된다. 현재 산성 주위의 길 이름도 소금길이다. 이는 염창산 주위에 제염지와 바로 아래 마을인 대벌마을의 염전 지역이 위치하고 있기 때문이다. 1918년에 제작된《조선오만분일지형도朝鮮五万分一地形圖》를 살펴보면 계화면 염창산 주변은 일제가 실시한 간척사업과 1968년 간척사업으로 인해 지금은 평지가 대부분이지만 과거에는 북쪽으로 동진강 하류가 근접해 있었다.

염창산성의 소금 문화에 대한 부안 남·북부의 제염지 기록을 보면 부안 지역이 왜 소금이 많은지 찾아볼 수가 있다. 소금은 그 산지에 따라 해수소금(海鹽)과 육지소금(陸鹽)으로 크게 구분할 수 있는데, 부안군에서 해염이 처음 난 곳은 염창산성 주위에 분포한 염전과 제염지(소금창고)였다.

조선 초기에 소금을 생산하는 지역은 우리나라 전 해안에 산재하여 있었으며 바다가 있는 서남해안에 더 많은 염전이 있었다. 조선 지리지인《세종실록지리지》에 의하면 전라북도의 소금 생산 지역은 부

동진, 계화면 붉은색 안이 염창산성 (1918년 조
선5만분의지형도)

염창산성 부근의 제염지 (《전북고대산성조
사보고서》)

안군과 옥구군(현 군산시) 두 곳 뿐이었다. 다음은 기록에 있던 부안군
의 제염지*이다.

① 계화면 창북리 서쪽에 있는 염전(염창산 서북쪽)

② 행안면 궁안리 대벌마을 북쪽에 있는 염전(염창산 서남쪽)

③ 행안면 삼간리 궁안마을 서쪽에 있는 염전

④ 행안면 삼간리 삼간마을 서쪽에 있는 염전

⑤ 행안면 삼간리 서쪽에 있는 염전

⑥ 하서면 언독리 북쪽에 있는 염전

산성과 산에서 찾은 유물들

염창산성 정상부는 인동 장씨의 분묘로 원형을 찾을 수는 없으며, 남
쪽 성안은 개간된 곳도 있으나 원형을 거의 간직하고 있다.

* 전영래,《전북 고대산성조사보고서》, 전라북도 한서고대학연구소, 2003, 656쪽.

1984년 원광대학교 마한백제문화연구소에서 발간한《전라북도문화재지표조사보고서-부안군 편》에 염창산성에서 발굴된 토기편이 고려시대의 것이라고 보고된다. 하지만 자료는 거의 남아 있지 않다. 현재도 산성 주위에는 토기류와 기와편들을 쉽게 찾을 수가 있다. 염창산성 성내에서는 고려에서 근세에 이르는 기와편들이 채집되었다.

방어기지로서 역할

염창산성은 테머리식 산성으로 그 공법으로 보아 고려시대의 것이지만, 입지나 형태적으로 미루어 볼 때 이미 백제시대에 터를 잡았을 것으로 보인다. 염창산성 산허리를 두른 용정리토성과 함께 염창산성은 역사상 백제 방어의 중요한 거점이었을 것으로 추정된다. 대벌마을과 계화도 방면의 산성을 보면 급경사면으로 올라갈 수가 없으며, 창북리와 용정마을에서 올라가는 등산로가 만들어져 주민들의 휴식처로 이용되고 있다. 정상 부위에 올라서면 해안으로 배를 직접 정박을 하지 못하는 방어기지의 모습이다.

자료1

염창산성은 용정마을을 북쪽으로 감싸고 있는 해발 84m의 염창산 정상부에 자리한다. 산성은 정상부 전체를 감싸고 있는 테뫼식 산성으로 서쪽 성벽 정상부를 기준으로 표고는 35~60m 내외이다. 마을주민과의 면담을 통해 이 산성은 염창산 정상에 자리한 소금창고를 지키기 위해서 쌓은 성이며, 이 소금창고 때문에 산 이름도 염창산이 되었다는 사실을 알 수 있었다.

염창산성의 성벽은 남서쪽이 좁고 북동쪽이 넓은 평탄한 정상부를 감싸고 있어 전체적인 형태는 삼각형으로 추정되며, 후대의 훼손으로 인해 부분적으로 유실되었다. 지표상에서 확인할 수 있는 성벽의 길이는 170m가량으로, 잔존성벽의 상태는 양호하다. 성벽의 모습을 살펴보기 위해 지표에 퇴적된 부엽토를 10cm가량 제거하였는데, 드러난 성벽에서 흙 이외에 석재와 같은 축조재료가 보이지 않아 토성으로 추정된다.

성벽의 구간별 현황을 살펴보면 다음과 같다. 남쪽 성벽은 잔존길이가 10m가량으로 보존 상태가 가장 양호하다. 성벽의 형태는 단면이 사다리꼴로, 정상부 폭이 1m 내외이다. 성 내부의 지형이 외부의 지형보다 높기 때문에 내부에서 바라보았을 때의 성벽 높이는 1m 내외, 외부에서 바라보았을 때의 성벽의 높이는 4m 내외이다. 서쪽 성벽은 잔존둘레가 70m 내외이다. 남쪽 성벽의 속성과 같으나 높이가 50cm 내외로 잔존상태가 양호하지 않으며, 민묘의 조성으로 인해 부분적으로 유실되었다. 북쪽과 동쪽에는 현재 성벽으로 판단되는 토단을 확인할 수 없었는데, 이는 대규모의 민묘와 경작지 조성과정에서 모두 유실된 것으로 생각된다.

부속시설로는 서쪽 성벽에서 한 곳의 문지를 확인할 수 있었다. 문지는 산경사면을 따라 성 내부로 자연스럽게 연결되는데, 현재는 정상부로 이어지는 등산로로 이용된다. 문지의 폭은 2m, 높이 1.5m 내외이다. 문지 좌측에는 깊이 3m, 최대 폭 5m가량의 단면 U자형의 오목한 구 시설이 10m가량 형성되어 있다. 우측에도 역시 같은 시설이 있었던 것으로 보이나 현재 민묘가 자리하고 있다.

성 내부에서 유물을 수습할 수 없었으나 1984년 원광대학교 마한백제문화연구소에서 발간한《전라북도 문화재 지표 조사 보고서-부안군 편》에 지표에서 고려시대 토기편이 수습되었다는 보고가 있어 성이 고려시대에 운영되었을 가능성이 있다. 반경 1.5㎞ 내에서는 염창산이 가장 높은 산이기 때문에, 현재 산성의 내부에서 바라보면 5㎞ 떨어진 석불산까지 조망 가능해 산성의 입지로는 최적이라고 할 수 있다.

1918년에 제작된《朝鮮五万分一地形圖》를 살펴본 결과 염창산 주변은 일제가 실시한 간척사업으로 인해 지금은 평지가 대부분을 이루지만 과거에는 북쪽으로 동진강 하류가 근접해 있었다. 과거에 이 산성내부에서 바라보면 주변을 비롯한 동진강 하류까지 조망 가능할 것으로 생각된다. 따라서 이 산성의 주 조망 지역은 주변에 자리한 토성과 동진강 하류로 추정해 볼 수 있다. 《2020년 부안성곽학술조사》, 부안군, 2020, 74쪽)

자료2
염창산鹽倉山 : 부안군의 계화면 창북리와 궁안리에 걸쳐 있는 산이다(고도 : 53m). 서해를 끼고 있는 산의 북쪽 창북리에서부터 남쪽 궁안리의 대벌마을(염소라고도 부름) 일대는 오래 전부터 천일제염을 생산했던 곳으로, 고려시대부터 이곳에 소금창고(鹽倉)가 있었던 데서 지명이 유래했다고 한다.《세종실록지리지》(부안)에도 "염창은 현의 서쪽에 있다. 공사 염간鹽干이 모두 113명인데, 봄·가을에 바치는 소금이 1127석 남짓하다."라는 기록으로 보아, 이곳에 상당한 규모의 염창이 설치되어 있었음을 알 수 있다. 해안 방어를 위해 산정상에는 염창산토성이 있었다. (《한국지명유래집-전라·제주편》, 국토해양부 국토지리정보원, 2010, 349쪽)

창북리 패총과 돌도끼형 소금창고

삼국시대 | 테뫼식 | 전북 부안군 계화면 창북리 36-4번지 일원

수문산성은 계화도를 바라보고 있으며 동진반도의 서북단에 위치하고 있다. 수문산성의 정상은 현재 풀과 소나무로 인하여 정상에서는 바다를 볼 수는 없지만, 성책지와 성곽(토성)에서는 저 멀리 바다와 계화도 평야, 계화도 봉수대를 눈으로 볼 수 있다. 또한 서해에서 동진강으로 들어가는 초입에 위치해 있어서 배들이 들락거리기 용이했으며, 이로 인해 산성에 소금과 곡식 모두를 저장할 수 있었다.

수문산에는 문장과 글이 기氣로 모인 혈이 있다고 하는데, 밤이면 이 혈 자리에서 글 읽는 학동의 목소리가 낭랑하게 들린다고 마을 사람들은 전한다. 수문산성의 남쪽 아래에 위치한 금산마을을 조성했던 김씨라는 분이 이 터는 글 잘하는 문장가가 많이 배출될 것이라고 했다고 한다. 풍수지리에서는 옥녀가 거문고를 타는 형국의 땅모양을 뜻하는 '옥녀탄금형玉女彈琴形'을 명당으로 친다. 옥녀는 용모가 준수

계화도 쪽에서 본 봄날의 수문산성(위)과 겨울날의 수문산성(아래)

한 귀한 자손의 배출을 뜻하고, 탄금은 학문과 기예가 높고 뛰어남을 의미하는데, 수문산은 이러한 모양을 하고 있어서 200~300년 후에는 이 기슭에 수백 세대가 들어서게 될 거라는 말이 전해졌다. 이 말처럼 실제로 현재 수문산성 주위로 금산, 원창, 창북리 등 많은 사람들이 살고 있다. 1962년 임실군 운암면에 옥정댐을 건설하면서 그곳 수몰민들도 계화간척지로 이주했다.

지금도 열리는 당산제

수문산성 주위 마을에서는 아직도 당산제를 지낸다. 예전에는 오방(다섯 곳)에서 당산제를 지냈지만, 지금은 창북리 원창마을과 창북마을에 있는 돌 당산에서 섣달 그믐날 저녁에 당산제를 지내고 있다. 창북리의 경지정리작업과 새마을사업으로 아쉽게도 당산이 한 개가 사라졌다. 사라진 당산의 위치는 현 창북초등학교 운동장가의 땅 속에 묻혀 있는 점도 알아두어야 한다. 금산마을에는 용화동 당산나무와 같이 상당히 우람한 당산나무가 남아 있다. 창북리 당산제는 수문산성을 지키던 병사들의 안녕과 어부들의 풍어를 기원하다가 지금은 풍년을 기원하는 것으로 성격이 바뀌었다.

창북리 오방을 조사하면서 장기영 씨(78세, 창북리 거주)로부터 당산제를 수문산성 바로 아래 마을에서도 지냈다는 이야기를 전해 들었다. 마을 뒷산에는 수문산성이 있고 패총도 발견되었던 지역이었다. 현재는 계화도 간척사업으로 위치와 지형이 많이 변했다.

부안에서 마을 굿, 당산제, 용왕제 등을 지내는 곳은 283곳이 확인

수문산성과 창북리 당산제에 대하여 설명하는 장기영 할아버지(2018년 인터뷰 당시 모습)

창북마을 당산제   금산마을 당산나무

된다. 대부분 음력 정월대보름이나 정초에 많이 하는데, 정월 초하루 전에 마을 당산제를 지내는 곳은 전국에서 창북마을이 유일하다. 이곳 돌 당간은 소(牛)다리를 뒤집어 놓은 형국이다. 당산 아래는 황토흙과 쌀, 음식을 놓고 마을의 풍년과 풍어를 기원한다.

수문산성 주변 마을의 거주자들은 계화 간척사업과 정읍시 칠보면의 칠보댐 건설로 집단 이주한 주민들로 구성되어 있다. 따라서 산악지역의 당산제와 어촌에서 이어온 풍어제가 합하여져 그 보존 가치가 높다.

이처럼 수문산성 주위에 창북리 돌 당산 두 곳과 금산마을의 당산나무가 있었다는 것은 수문산성과 연관해서 봐야 할 민간 신앙이며, 수문산성에 있던 병사들의 생활에도 중요한 역할을 했다고 보여진다. 현재 수문산성의 성책지는 거의 사라졌지만 동북 방면의 성곽터를 찾

금산마을(남벽)에서 본 수문산성

아볼 수 있다. 현장에서 찾은 수문산성의 잔재들로 토성 자리가 마을
곳곳에서 있음을 알 수 있다. 또한 현지 주민들의 이야기로도 수문산
성의 기억이 남아 있다. 오래되지 않은 바닷가 마을과 수문산성에 배
들이 오고가는 모습은 70대 이상이면 모두 기억을 하고 있다. 하지만
수문산성에 대한 기록과 증언은 몇몇 분들에게서만이 들을 수 있다.
산성에 대한 이야기뿐만 아닌 당산제의 이야기도 조만간 사라질것으
로 보여 안타까움이 남는다.

수문산성 주변이 옥토로 변한 사연
계화면의 많은 평야지대는 밀물 때는 바다이고 썰물 때는 갯벌로 쓸
모가 없었다. 하지만 국가 제1차 5개년 경제개발계획에 따라 1963년
2월부터 당시 동진면 조포鳥浦에서 계화도까지 제1방조제 9,254m의

뚝 쌓기 공사가 시작되면서부터 이 지역 땅의 쓸모가 달라지기 시작하였다. 1965년 3월부터는 당시 하서면 의복리인 돈지頓池에서 계화도까지 제2방조제 3,556m의 뚝 쌓기 공사를 시작하여 1968년 10월 바다를 막는 뚝 쌓기 공사가 마무리되었다.

창북리 일대 개간으로 국토는 3,968ha(부안군 계화도 간척지)가 넓혀지고 전국에서 미질이 제일 좋은 계화쌀을 연간 11,000톤을 생산하였다. 또한 농경지 2,741ha, 농업용수 저수능력 1,900만(톤)의 청호저수지와 주택 1,000동을 건축하여 농사를 짓기 시작하였다. 이 농가 주위(현 부안군 계화면 창북리)에 수문산성과 염창산성 등이 위치하고 있다.*

부안군 간척사업의 시작은 계화간척사업 이후에도 각 지역의 해안가와 1991년 새만금 간척사업으로 농경지의 많은 변화를 가져왔다. 또한 새로운 경지확장과 취락발달이 진행되는 개척첨단을 해안지방에 형성하게 되었다. 호남평야의 대부분이 야산지대를 중심으로 하는 침식평야浸蝕平野이나 하천유역과 해안에는 바다의 조수潮水현상의 영향을 받는 간석지 발달이 현저하므로 이들 간석지들의 개간사업은 수리기술의 발달과 더불어 전개될 수 있었다.

수금산성 주변에서 발견되는 유물들

부안군 일대에서 농경지가 개간되고 취락이 발달하여 인간 주거가 이루어져 온 시기는 선사시대부터였다고 할 수 있다. 학계에 알려져 있듯 선사시대 것으로 비정되는 패총, 주거지, 지석묘 등이 발견되어서 그 당시에 사람들이 거주하고 식량을 마련했음을 알 수 있다. 패총은

* 《부안향리지》, 계화면 소개 내용 중에서, 부안군, 1991.

수문산성 남서쪽 무너진 성곽루로 추정되는 흔적(가장 위 1998년)과 성책지로 보이는 곳(아래 2018년)

그 중 오래된 흔적은 대체로 하천수와 해수가 접합하는 지점에서 발견되고 있다. 하천수와 바닷물이 접합하는 지점은 패류의 서식이 풍부하였기에 당시 사람들은 인근에 모여 살면서 이들 패류를 채취하여 식량으로 사용했다.

현재 부안군에서 패총이 발견된 곳은 군 서쪽 해안인 변산반도 해안인 대항리 합구마을 앞의 합구미패총蛤九味貝塚이 있다. 패총이 선사시대 인간 거주의 한 증거로 본다면, 패총의 분포에 의해서 선사시대 취락의 분포와 개간의 효시를 볼 수 있고, 인간 거주 분포의 양상을 유추해 볼 수 있다. 이렇듯 패총의 분포로 보면, 부안군에서는 하천과 바다가 접합하는 변산반도 서쪽 해안지방부터 사람들의 거주가 이루어지고 땅이 개간되었으며 취락도 가장 먼저 발생했을 것으로 생각된다.

대항리 패총 유적과 더불어 주목할 곳은 계화도 수문산성 패총 지역이다. 패총 유적은 수문산성이 있는 곳과 산성의 동남쪽 금산리 경작지에 있는 패총을 말한다. 산성과 패총에서는 무문토기편, 마한시기의 토기편, 그리고 신라와 고려의 토기편이 수습되고 있다. 원삼국시대에 해당하는 토기는 연질의 적갈색, 연질, 경질의 회색토기 등 다양하게 발견되고 있다.

이 유적의 남서면에는 창북리, 동남면에는 금산리의 두 취락이 형성되어 있는데, 이 금산리 부방의 경작지에서 주로 김해식 토기편이 흩어져 발견되고 있다. 수문산성의 발견 유물로는 석기류와 적갈색 무문토기편, 김해식토기편, 그리고 신라와 고려시대의 토기편이 고루 채집되었다.

수문산성의 유적 조사에서 동남 편에 공호가 있으며, 편형석기, 쌍

수문산성에서 채집한 토기편
《부안군지》〈3장 고대의 부안〉편. 143쪽.)

형석기, 편평편형석기, 적색무문토기, 동우부형파수等과 함께 김해기, 백제탄토기편이 흩어져 분포하고 있다.

취락은 인간과 그들의 주거가 일정지점에 집결하여 집단생활을 해 나가는 특정 장소로서, 그들의 생산활동과 주거활동의 무대가 되는 곳을 말한다. 인간은 그들의 생활공간 속에서 생활의 주체로서 지표 공간을 점거하여 그들의 환경에 적응과 변형을 가하면서 생활해 왔 다. 이러한 인간 환경의 변형은 우선 농경지의 개간으로 나타나게 되 었고, 개간된 농경지 주변에 인간생활의 기본단위인 주거로 가옥이라 는 삶의 형태가 나타나고 이들 가옥들이 모여서 취락을 형성한다. 이 들 취락들은 인간생활의 기본단위이므로 인간에 의한 공간 점거 이후 많은 변화를 겪어오면서 오늘에 다다른 문화적, 역사적 산물이다. 개 간된 경지와 취락들은 이 지역의 자연환경, 생산양식, 생활양식, 문화 들에 대한 의존도와 집착력이 강하기 때문에 보수성이 두드러지게 된 다. 부안군은 오랜 농군農郡으로 토지를 중심으로 하는 촌락생활의 전 통 속에서 생활해 왔다.

수문산성은 1990년에 돌도끼 모양의 토기가 출토되어서 돌도끼형 산성이라 불리기도 한다. 산성에 보관되어 있던 소금과 곡물을 대벌 마을과 문포마을, 조포마을에 있던 항구로 실어 날랐다는 흔적을 살 펴볼 수 있다.

자료1

수문산성은 신창마을과 금산마을 사이에 해발 32m의 낮은 구릉에 자리한다. 주민들은 이 구릉을 '수문산'이라고 부르는데, 여기서 '수문'이란 금산金山의

한글표기인 '쇠뫼'를 뜻한다. 현재 대부분 경작지로 이용되고 있으며, 일부에는 민묘(개인 묘지)가 조성되었다. 수문산성은 표고 30m 내외의 수문산 구릉 위를 테뫼식으로 감은 토성지이다. 타원형 평면으로서 남북길이 180m, 남쪽 최대 95m, 주위 433m에 이른다. 사면을 토단상으로 깎아 폭 8m 내외의 회랑도를 두르고 있어, 그 외곽에 성책을 설치하였을 것으로 보인다.

경작지 사이로 구릉 하단을 두르고 있는 높이 1.5~1.7m 내외의 토단을 확인할 수 있었다. 토단은 면이 정연하게 정리되어 있고 야산의 경사면을 따라 둘러지고 있기 때문에 성벽과 관련된 것으로 추정된다. 구릉의 평면 형태가 삼각형이기 때문에 성의 본래 평면 형태 역시 삼각형이었을 것으로 보이지만, 현재는 동쪽과 남쪽 토단만 잔존한다. 잔존 둘레는 160m 내외로 토단 기저부를 기준으로 표고는 6~8m 내외이다. 토단을 근거로 이 성은 평지성으로 볼 수 있다.

산성의 내부에서 바라보면 남서쪽으로 70m가량 떨어진 용정리토성과 남쪽으로 각각 1km, 2km 떨어진 용화동토성, 구지리토성을 한눈에 조망할 수 있다. 1918년에 제작된 《조선오만분일지형도朝鮮五万分一地形圖》를 살펴보면 수문산성 주변 지역은 일제강점기에 실시한 간척사업으로 인해 지금은 평지가 대부분을 이루지만, 과거에는 북쪽과 서쪽으로 동진강 하류가 근접해 있었다. 과거에 이 산성 내부에서 바라보았다면 주변을 비롯한 동진강 하류까지 조망이 가능할 것으로 생각된다. 따라서 이 산성의 주 조망 지역은 주변에 자리한 토성과 동진강 하류로 추정해 볼 수 있다. 수문산성 토단의 구간별 잔존 현황을 살펴보면 다음과 같다.

동쪽 토단의 길이는 7m로 민묘군 조성으로 인해 2분의 1가량 훼손되었다. 높이는 1.5m 내외, 정상부 폭은 6m 내외로 정상부는 현재 경작지로 이용된다. 남쪽 토단의 잔존 길이는 90m 내외로 높이 1.7m 내외, 정상부의 폭 6m 내외이다. 동쪽 토단과 마찬가지로 정상부는 경작지로 이용되지만 잔존 상태가 비교적 양호하다. 서쪽과 북쪽에는 2~3단의 토단이 자리하지만 성벽과 관련된 것이기보다는 경작으로 인해 조성된 것으로 추정된다. 성 내부는 고도차가 거의 없는 평탄지로 남서쪽이 넓고 동북쪽이 좁다. 수습된 유물은 적갈색 연질토기, 격자타날, 집선, 승석문이 시문된 회청색 경질 동체편이 주류를 이루고 청자, 백자가 소량이다. 토기편 뿐만 아니라 기와도 수습되었는데, 수습된 기와에는 격자문, 집선문이 시문되었다. 주로 수습된 회청색경질 토기편은 삼국시대에 사용되던 것이기 때문에 수문산성은 삼국시대에 운영되었을 가능성이 있다. (《2020년 부안성곽학술조사》, 부안군, 2020, 86쪽)

자료2

東津半島 西北便 廉倉山의 동북방 약 700m 떨어진 곳에 있는 標高 30m 內亂의 小丘土를 테머리式으로 감은 土城址이다. 楕圓形 평면으로서 남북길이 180m, 남쪽 최대 폭은 95m, 周圍 433m에 이른다.

　斜面을 土段狀으로 깎아 폭 8m 내외의 廻廊도 두르고 있어, 그 외곽에 城柵을 설치하였을 것으로 보인다. 해변에 沿한 북면은 階段狀 段丘의 揮仰을 띠고 있다.

　東南便에 空濠가 있으며, 扁形石器, 双形石器, 扁平片形石器, 赤色無文土器, 同牛負形把手等과 함께 金海期, 百濟余土器片이 散亂되어 있다. (《부안향토문화지》〈부안진성고〉편, 변산문화협회, 1980, 429쪽)

용화동토성 龍化洞土城

삼국시대 동진강 초입의 소금기지

삼국시대 | 평지식 | 계화면 용화마을

용화동토성의 위치와 규모

용화동토성은 구지리토성의 북방 약 500m가량 거리를 두고 있는 낮은 미고지를 감은 토단 성책지이다. 전면의 가장 높은 곳은 245m, 평면은 지형에 따라 동서로 약 125m를 뻗다가 꺾이어 동변에서는 남북으로 길게 좁은 능선을 따라 뻗어가고 있다. 이 지점에서 다시 서쪽으로 뻗어갔으나 현재는 창북리 가정집들에 포함되었다. 원래의 남북축의 길이는 370m가 되며 동서 축의 길이는 270m가 된다. 서쪽각에는 너비 약 6m의 바다를 향한 출입통로 흔적이 남아 있다. 서문지에 해당한다. 또한 동변 중앙에 동문지로 추정되는 함몰된 출입 통제로가 있다. 바다에 면한 방책 토성의 유형으로서, 백제 말 나당연합군의 침입에 대비한 유적이다.

남변 능선에서 동변으로 꺾이는 능선상에 파괴된 고분 1기가 확인되었다. 일부를 제외하고는 토단 흔적이 비교적 잘 남아 있다. 그러나 이곳도 민묘가 나날이 증가하고 있다.

용화동토성을 비롯하여 근처 용정리토성, 염창산성 등은 현재 염전의 저장 창고가 위치한 곳으로 예부터 소금을 저장하던 곳으로 추정해 볼 수 있다.

용화동마을에 얽힌 옛이야기

용화동마을과 관련하여 내려오는 옛이야기가 두 편이 있다. 이 두 이야기는《부안향리지》〈계화 용화마을〉 편에 나오는 이야기이다. 하나는 마을이 처음 생겨난 이야기이고 다른 하나는 역심을 품었던 '나송대'란 인물의 배경 이야기에서 등장한다.

첫 번째인 용화동마을이 처음 생겨난 이야기는 다음과 같다.

조선조 선조 25년(1952년) 나라가 매우 어지러운 시대에 김해 김씨와 인동 장씨가 이곳 용화동에 처음으로 들어와 살았다. 이 두 사람은 본래 남원에서 의병생활을 하던 중 같은 동료들로부터 배반자라는 누명을 쓰고 쫓겨나게 되었다. 그때 말 두 필을 가지고 이곳에 들어와 살면서 말을 잘 키워 수십 마리로 늘렸다. 그러나 이 말들이 배설하는 똥을 치우지 못하여 한쪽(지동리 옆 산)에 쌓아두고 농토에 사용하였다. 그때 용화동 주민들이 잘살기 위해 지역의 명당을 찾아 구판동龜板洞 일대를 샅샅이 파헤치다가 이들이 쌓아놓은 말 배설물에 불을 질렀고, 이곳을 마을의 터전으로 삼았다.

두 번째는 '나송대'란 인물과 관련된 이야기이다. 이 마을에는 용화동토성을 지키는 '홍련'이라는 병사가 살았다고 한다. 홍련이 장군봉

위에서부터 용정마을 앞. 구지리마을 앞. 용화동 동쪽. 화정마을 앞에서 본 용화동토성.

을 가끔 오르는데 하루는 웬 거지 노인이 나타나 자신의 발부리를 내밀며 "신을 신겨라"했고, 홍련은 노인에게 신을 신겨주었다고 한다. 토성이 있던 용화동마을은 해안에 가까운 저지대로 가난한 사람들이 많이 살았는데, 홍련은 마을 사람들을 잘 모시고 남모르게 선행을 자주 베풀었다. 또한 점술에도 능했는데, 경을 읽어 동네의 액운을 막기도 해서 주변 마을에 그의 이름과 덕이 알려졌다.

그 무렵 전남 나주에 '나송대'라는 사람이 역심逆心을 품고 사람을 모으고 있었는데, 나송대는 병사 홍련이 점술로 유명하다는 말을 듣고 찾아와 길흉을 점치는 문복問卜을 했다. 그러자 '남산노인기지야南山老人旣知也'라는 점쾌가 나왔다. 나송대가 해석하기를 '내가 왕이 된다는 것은 남산의 노인이 이미 알고 있다'는 뜻으로 여기고 거사를 작심했다. 마침 부안 변산 '까치댕이' 근처(부안군 진서면 작당마을)에 해적이 출몰하여 양민을 괴롭힘으로 나송대는 자신의 휘하에 있는 '정 장군'을 대궐에 보내어 해적을 칠 것을 품신했다.

그렇지 않아도 해적들로 골치 아팠던 임금은 지원 출병하겠다는 말을 가상히 여겨 군사 5천을 내어주었다. 그 뒤 임금은 너무 성급하게 군사를 내준 것이 아닌지 걱정하여 정 장군의 행동을 은밀히 염탐

용화동 고분(《고지도와 사진으로 본 부안》, 부안문화원, 2016, 150쪽)

용화동토성에서 채집한 도자
기편(《부안군지》, 부안군청,
2015, 148쪽.)

했다. 이를 모르는 정 장군은 남산을 돌아보며 회심의 미소를 띠었다.
정 장군의 행동을 수상히 여긴 염탐꾼은 임금에게 고했고, 그 말을 들
은 임금은 정 장군에게 군사를 더 줄 터이니 입궐하라 명했다. 정 장
군은 거사에 쓸 군사를 더 준다고 하니 좋아라 하고 입궐했다가 붙잡
히고 말았다. 정 장군은 엄한 문초 끝에 나송대의 역적모의를 불었고
함께 가담한 홍련도 체포되어 그 가족까지 모두 참살되었다. 그가 살
던 곳을 파서 웅덩이를 만들었고, 그곳을 더러운 곳이라는 뜻으로 마
분지馬奮地라 했다. 지금은 용화동龍化洞이라 고쳐 부르고 있다.*

출토된 삼국시대 유물들과 가야포

동진강 하구의 가야포의 이름은 조선 철종 8년(1857년)에 제작된《동
여도東興圖》에 가야포加耶浦가 표기되어 있지 않다는 사실이다. 가야
계 소국으로 비정된 운봉과 장수 지역의 가야와 관련된 가야계 토기
류도 섞여 있지 않다는 점도 주목해야 한다. 그렇다고 한다면 부안 죽
막동보다 그 위쪽에 또 다른 가야의 거점포구가 있었을 가능성이 높

* 《부안향리지》〈계화 용화마을〉 편, 부안군, 1991, 347쪽.

용화동토성 전경 및 성책지 (《부안군 문화유산 자료집》, 부안군, 2004, 139쪽)

은데, 그곳이 가야포로 추정되며,[*] 현재 동진반도에 자리하고 있는 용화동토성일 가능성이 크다. 현재의 용화동토성은 동진강 초입과는 거리가 조금 떨어져 있다. 하지만 고려 이전에는 토성 바로 앞으로 강의 물줄기가 여전했던 지역이다. 또한 해수면 상승 시뮬레이션을 통해 살펴보면, 토성 하단부까지 바닷물이 고였고, 제염지(염전)가 바로

---

[*] 곽장근,《한국고대사연구》〈전북 지역 백제와 가야의 교통로 연구〉, 한국고대사학회, 2011, 63쪽.

아래 마을까지 위치했음을 알 수 있다.

　용화동토성의 일부를 제외하고는 토단 흔적이 마을 뒤에 비교적 잘 남아 있다. 전영래 교수에 따르면 돌보습(쟁기 앞 부분), 첨두석기, 돌도끼, 숫돌편 등이 용화동토성 조사에서 채집된 유물이라고 한다.

방풍림과 당산나무

용화마을(龍化洞)은 부안군에서 제일 아름다운 방풍림으로 둘러싸인 마을이다. 현재는 당산제를 지내지 않지만 당산할아버지, 당산할머니, 당산아들까지 당산나무를 중요하게 여긴다.

　계화면 용화동 오용선 이장님과의 인터뷰(2018년 1월)에 따르면, 마을 뒤 방풍림과 용화동 토성터 자리에 있는 할머니당산나무인 수령 300년이 넘는 팽나무는 고사되었다고 한다. 또한 동네 입구의 할아버지당산나무 또한 고사되었고 게다가 태풍으로 덮쳐 무너졌으며, 아들당산나무는 동네 동쪽 입구에 있었으나 고사되었다고 한다.

용화동 남쪽(좌), 서쪽(우)에서 본 방풍림.

용화동토성은 구지리토성의 북방 약 500m의 거리를 두고 있는 낮은 미고지를 감은 토단 서액지이다. 창남마을 경로당에서 남쪽으로 120m가량 떨어진 해발 50m의 야트막한 구릉에 자리한다. 토성이 자리한 구릉은 대부분 경작지로 이용되고 있어 상당부분 형질변형이 이루어진 것으로 보인다. 때문에 경작지가 조성된 지역에서는 성벽과 직접적으로 연관된 토단을 확인할 수 없었다. 다만 구릉의 서북쪽은 원지형이 훼손되지 않은 채 남아있는데 이곳에서만 토단을 확인할 수 있다.

토단은 구릉의 경사면을 정리한 것으로 잔존높이는 1.5~2m 내외이고 잔존둘레는 100m 내외이다. 토단 주변에서는 다량의 유물을 수습할 수 있었다. 수습된 유물로는 승석문이 시문된 적갈색 연질 토기편, 격자타날, 승석문이 시문된 회청색 경질토기편, 회청색 경질대각편 등이 있는데, 이러한 유물들은 삼국시대 유물로 추정된다.

무문토기시대부터 주거지가 있었던 곳으로 추정되며, 현장에서 조사 시 채집된 유물은 다음과 같다. 석기류는 돌보습, 첨두석기, 돌도끼, 숫돌편, 포석환 등이 있고, 쇠뿔형 손잡이 등 적색무문 토기편, 백제계의 회색도질 토기편 등이 있다. (전영래, 《전북 고대산성조사보고서》, 전라북도 한서고대학연구소, 2003, 567쪽)

구릉의 동남쪽 사면에서는 경작지 조성으로 인해 생성된 흙더미가 있는데 이 흙더미 사이에서 다량의 기와를 수습할 수 있었다. 수습된 기와의 무늬는 차륜문, 청해 파문으로 차륜문은 고려시대에, 청해 파문은 조선시대에 주로 사용되었다.

성 내부로 추정되는 구릉의 정상부는 평면형태가 방형에 가까운데 서쪽은 고도가 높고 지형이 매우 평탄한 반면에 동쪽은 고도가 낮고 비교적 경사져 있다. 2003년, 한서고대학연구소가 발간한《전북 고대 산성조사보고서》에는 구릉의 정상부에 분구묘 1기가 자리한다는 내용이 기술되어 있으나 현재는 분구묘의 흔적을 확인할 수 없었다. 또한 정상부에서 토성과 관련된 부속시설의 흔적을 확인하려 하였으나, 정상부의 대부분이 경작지로 이용되고 있어 부속시설의 흔적은 확인할 수 없었다.*(《2020년 부안성곽학술조사》, 부안군, 2020, 69쪽)

---

* 전영래,《전북 고대산성조사보고서》, 전라북도 한서고대학연구소, 2003, 542쪽.

구지리토성 九芝里土城

백제시대 '고호', 백강白江의 '이명'이었던 곳

삼국시대 | 테뫼식 | 전북 부안군 동진면 구지마을

구지리토성의 위치와 규모

구지리토성은 부안군 동진면 당상리 구지마을 동쪽, 동진면과 계화면 경계에 위치한 구지산九芝山에 있다. 구지리토성은 대지를 빙 두른 계단상 성책지로, 민무늬토기시대 및 삼국시대 성책지이다. 섬처럼 보이는 구지산은 근근이 동쪽 능선에 이어지고, 서쪽 가장자리는 해안선(지금의 들판)이 구릉지 바로 아래에까지 들어와 있는데 그 성벽의 길이가 170m정도 보존되어 남아 있다. 구지리토성 뒷부분은 현재 계단식 밭이지만 이는 토성의 잔존과 비슷한 형국이다. 외부 논길에서 바라보면 10m 내외의 성벽처럼 보인다. 또한 구지리토성의 망루 추정지는 현재도 밭과 민묘가 있는 지역으로 타원형 평지를 이루고 있다. 구지리토성의 남동쪽은 경사가 완만하고 서쪽은 경사는 있지만 주민들이 이용하는 길과 집들이 바로 마주하고 있다. 성책지는 지형

당상마을에서 본 구지리토성

에 따라 경사면을 깎아 윗단을 형성한 테머리식인데 성곽의 연장 길이는 1,395m이고 내부는 남·북쪽과 동서 길이가 모두 300m 내외이다.

본래 구지마을은 그 지세 형국이 거북이 모양이 닮았다 하여 '구지龜芝'라 불렀는데 일제강점기에 '구龜' 자의 획이 많아서 쓰기 불편하다 하여 '구지九芝'로 바꿨다. 이는 마을 중앙 산에 아홉 그루의 나무들이 아름드리 수놓아져 있음을 감안하여 '九(구)'를 쓴 것이다. 이후로 아홉 그루 나무를 구지마을의 상징물로 여겼다. 현재는 마을 중앙에 500년 묵은 팽나무 한 그루를 마을의 수호신으로 모시고 치성을 다한다.

산성의 내부에서 발굴된 유물을 살펴보면 격자문이 타날된 회청색 경질토기편과 경질토기편, 기와편 등이 발굴되었다. 발굴된 토기류는 삼국시대에 주로 사용된 토기류이다. 구지리토성에서 발굴된 토기류들은 주위에 있는 용화동토성, 용정리토성, 수문산성과 큰 차이 없이 삼국시대의 토기류와 비슷하다.

구지리토성 근경
(《부안군 문화유
산 자료집》, 부안군,
2004, 176쪽)

구지리토성 정상
부(《부안군 문화유
산 자료집》, 부안군,
2004, 176쪽)

구지리토성 출토
유물 (《부안군 문화
유산 자료집》, 부안
군, 2004, 176쪽)

구지(九芝,地)라는 지명

부안군에는 '구지'라고 부르는 작은 지명이 많은 것이 눈에 띈다. 九芝
(地)는 적에게 발견되기 어려운 깊숙한 땅, 낮은 곳이란 뜻을 갖고 있

현재 구지리토성의 정상부(좌)와 동쪽 경사면(우)

는데, 부안군 내에 이 같은 지명이 많은 까닭을 여러 가지로 음미해
볼 만하다. 다음은 '구지'가 들어간 부안군 지명들이다.

· 질구지　　백산면 천운淺雲리

· 배양구지　동진면 하장下長리

· 역구지　　부안읍 내료內蓼리

· 돌구지　　백산면 금판金板리

· 북구지　　부안읍 모산茅山리

· 진구지　　동진면 하장下長리

· 거멍구지　백산면 금판金板리

· 속구지　　백산면 금판金板리

· 초동구지　백산면 천계淺溪리

　구지는 이를 분류해 볼 때, 동진강 유역에 많고, 다른 곳에는 3개소
(동진면 당상리 구지마을, 구비, 지비마을)뿐이다.

인동 장씨 효자비

인동 장씨의 효자문

부안군에 인동 장씨들의 집성촌은 진서면 원암리와 동진면 구지리에
형성되어 있다. 조선조 숙종 24년(1697년)에 인동 장씨 장지검張趾儉
이 처음 정착하여 살다가 그 후에 밀양 박씨인 박덕진이 이주해 오면
서 인동 장씨와 밀양 박씨들의 거주가 이어지고 있다. 현재 집성촌에
는 인동 장씨에서 내려오는 효자문이 세워져 있다. 효자문의 원문을
살펴보면 아래와 같다.

효자문孝子門 : 군에서 서쪽으로 7리의 동진면 당상리 구지산에 있다.
인동 장순봉*은 효행으로 정려를 명하였다.**

자료1

구지리토성은 구지마을을 동북쪽에서 감싸고 있는 해발 52m의 야트막한 야

---

* 장순봉의 본관은 인동. 부안 출신. 통훈대부 수명의 증손. 효성이 지극하여 호조참판
에 증직되고 정려가 내려졌다.

** 在郡西七里, 東津面堂上里九芝山. 仁同張順鵬, 以孝命旌.

산에 자리한다. 서쪽 성벽은 잔존길이가 170m 내외로 보존상태가 가장 양호하다. 성벽의 형태는 단면이 사다리꼴로, 기저부의 폭이 10m 내외이며 정상부의 폭은 3m 내외이다. 성 내부의 지형이 외부의 지형보다 높기 때문에 내부에서 바라보았을 때의 성벽 높이는 3m, 외부에서 바라보았을 때의 성벽의 높이는 8m이다. 남쪽 성벽은 잔존길이가 214m로 정상부를 따라 둘러져 있다. 잔존 성벽의 높이는 1m 내외이며, 단면은 역시 사다리꼴로 기저부 폭은 2m, 정상부 폭은 1m가량이다. 서쪽 성벽과 연결되는 부분은 잔존상태가 양호하지만 동쪽으로 갈수록 민묘와 경작지의 조성으로 인해 부분적으로 훼손되었다. 산성의 내부시설로는 망루 추정지, 문지와 집수정을 각각 한 곳씩 확인할 수 있었다. 망루 추정지는 서쪽성벽 정상부를 따라 남쪽으로 90m가량 이동한 곳에 위치한다. 이곳은 성벽의 정상부 폭이 급격하게 넓어지면서 타원형의 평지를 이루는데, 폭 20m, 길이 50m로 멀리까지 조망할 수 있기 때문에 망루望樓와 같은 부속시설이 있었을 것으로 추정된다.

　문지는 서북쪽 성벽에 자리하는데 현재는 성 내부로 연결되는 길목으로 이용되고 있다. 높이 3.5m, 폭 4m이다. 집수정은 면담조사를 통해서 확인되었는데 마을 주민들은 이곳을 '수렁샘'이라고 부른다. 서벽에서 60m 떨어진 곳에 자리한 수렁샘은 가뭄이 나도 물이 마르지 않는다고 한다. 수풀이 우거져 정확한 형태는 확인할 수 없었으나 수풀사이로 물이 고여 있는 모습을 확인할 수 있었다. 산성의 내부에서는 격자문이 타날된 회청색 경질토기편, 자연유가 흐르고 외면에 집선문이 시문된 경질토기편, 기와편이 수습되었다. 수습된 토기류는 삼국시대에 주로 사용되던 것이기 때문에 이 성은 삼국시대에 운영되었을 것으로 추정된다. 산성의 내부에서 바라보면 북쪽 2km 내에 자리한 수문산성, 용화동토성, 용정리토성을 한눈에 조망할 수 있다. 이 토성들은 수문산성과 마찬가지로 지표에서 수습된 유물을 근거로 삼국시대에 운영된 것으로 보이기 때문에 서로 관련성이 있을 것으로 생각된다. (《2020년 부안성곽학술조사》, 부안군, 2020, 63쪽)

자료2

동진면 당상리 구지부락에 있는 이 성지는 부안읍의 주산인 상소산에서 서북으로 사주하는 구릉의 일지맥이 서방으로 뻗어, 사두형으로 미고지를 형성하였다.

표고 약 20m, 비고 약 6~18m 내외의 구릉대지로서, 서북면은 급한 경사를 이루고, 남동면은 완만한 경사를 이루고 있는데, 이 대지주변을 테머리식으로 감은 토단성책지가 있다.

일견, 도서처럼 보이는 이 고지는 근근이 동방구릉선에 이어지고, 서변은 해안선이 바로 구릉직하에까지 인신되어 있었다. 위곽 내부는 남북 최대장, 동서 최대 폭이 다같이 300m 내외이다. 지형에 따른 굴곡이 심하여 동변은 내부 깊숙이 입만되어 동서 폭은 최소 130m 정도로 줄었고, 북서우는 북방으로 돌출되어 있다. 위곽의 총연장은 1,395m가 된다. 내부 평면적은 약 5.7ha인데 대략 서북방에 편재하는 약 0.2ha의 방형대지가 성내의 중심을 이루고 있다.

남변중앙에 남문지로 추정되는 흔적이 있고, 북동우에도 동문지로 생각되는 흔적이 있으며, 북서우에는 북문지가 있는데, 이 북문지 외부에는 정천이 유지를 이루고 있다. 이 유지내와 주변에서 삼국시대의 토기편 다수가 산란되어 있고, 남문 주변에서는 무문토기계의 기편이 발견되었다.

기타 석기류가 채집되었는데, 안산암제의 타제화형석도, 내만쌍석기, 혈암제, 3각형 석도편, 타제부형석기 등이 있고, 천공한 저석편도 발견되었다. 가장 주목되는 것은 안산석의 타제 돌보습인데 이는 속제 보습의 모제품으로 보여 주목되고 있다.

구지라는 이름은 '구지화'라는 뜻으로 지화 근처에 지비리가 있는 것처럼, 부안의 백제시대의 고호인 개화, 계발 곧《삼국유사》,《삼국사기》에서 백강의 이명으로 적힌 '기벌포, 지화포'가 바로 계화도에 면한 앞바다임을 알 수 있다. '구지'는 백제시대에 부안의 현에 위치가 있었던 곳으로 볼 수 있다. (《부안향 토문화지》〈부안진성고〉편, 변산문화협회, 1980, 427~428쪽, 한글로 옮김)

원삼국·삼국시대 토성과 부속시설

삼국시대 | 평지식 | 계화면 용정마을

염창산성과 이어지다

용정리토성은 부안군 계화면 궁안리 용정마을의 염창산 기슭 아래와 동남방향으로 뻗은 해발 20m 내외의 작은 구릉을 감싸고 있다. 염창산 정상을 감은 성곽을 염창산성이라 부르고 이 산성을 포함한 산허리를 두른 성곽을 용정리토성이라 부른다.

염창산은 동남으로 올챙이 모양 또는 굽은 옥의 형태로서, 구릉의 최고 높이는 27.9m인데 대체적으로 표고 20m 전후의 산허리를 1단 또는 2~3단으로 깎아내어 회랑도를 설치한 토단성책지이다. 그리하여 최남단의 꼬리는 용화동토성의 서변과 약 200m의 간격을 두고 마주보고 있다. 용정리토성과 염창산성은 한 곳이며, 용정리토성 정상 부근에 염창산성이 위치하고 있다.

용정리토성은 남단 남문지에서 염창산 북쪽(계화도 방면) 지점까지

용정마을 앞 남쪽에서 본 용정리토성(봄)과 서쪽에서 본 용정리토성(여름과 겨울)

의 북동변 길이는 750m에 이른다. 남변은 공동묘지가 되면서 성곽
흔적이 애매해진 부분도 있으나 서쪽은 비교적 잘 남아 있다. 길이
는 116m, 다시 서변을 감고 있는데, 남으로 뻗은 토성의 성 안 폭은

용정리토성 1966년 항공사진(《2020년 부안성곽학술조사》, 부안군, 2020)과 현 용정리토성 단면

70~80m 전후이다.

  염창산의 서변은 채석장으로 깎이어 성곽의 원형이 단절되었고, 남면은 경작되어 원형을 잃고 있으나 간간이 회랑도의 흔적이 남아 있으므로 염창산 전체를 감아 돌고 있는 성곽의 총 길이는 약 2,563m에 이른다.

  성곽은 지형에 따라 2~3단의 화랑도를 설치한 곳도 있다. 그리고 중앙과 남변의 남서모퉁이에는 바다에서 상륙할 수 있는 통로가 있다. 이것이 북문과 남문 자리로 추정된다.

  용정리토성은 의외로 규모가 크며 이 지방 아니면 유례를 볼 수 없는 백제시대의 해안 방책지로서의 흔적을 간직하고 있다.

용정리토성 출토 토기 (《부안군지》, 부안군, 자료화면, 2015)

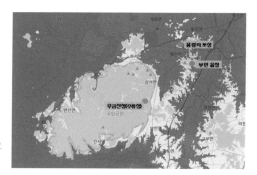

용정리토성은 해수면 상승 시뮬레이션 결과 해수면 7m 상승 시 섬으로 보인다.

동진강 일대의 토성들

용화동토성, 염창산성, 수문산성 등의 지역과 백산성, 부곡토성까지 이어지는 동진강은 일제강점기에 직강공사와 간척공사로 반듯해지기 전에는 조수간만의 영향을 크게 받은 곳이었다. 이로 인해 바닷물 수위가 높은 사리 때 홍수라도 만나면 물이 빠지지 않고 바닷물이 역류하여 주변 농토를 덮쳐 강 주변 토지는 갯벌이 되었다. 따라서 하류의 양안은 범람원과 갯벌의 간석지가 발달하였다. 고부천은 동진강의 지류는 아니나 동진강과 같은 하구에 유입한다.

동진강 하구 일대의 최대조차는 7.6m, 평균조차는 약 6.2m이다. 그래서 두 하천의 하류는 자연 상태에서는 해발고도 3.1m에서 3.8m까지 바닷물의 밀물이 거슬러 올라가는 감조感潮하천이다. 특히, 홍수와 밀물이 겹칠 때는 김제 두월천에서는 황산 용지, 원평천에서는 봉남 대주, 동진강에서는 줄포 신흥리와 신태인까지 밀물이 영향을 주었다. 이 마을들의 해발고도는 대부분 8~11m에 해당된다. 고부천은 동진강의 하구와 인접하고 있기 때문에 평균조차는 6.2m 정도라 할 수 있다. 두포천은 상류의 해발고도가 4m 내외라서 사산저수지 아래까

용정리토성 가는 길. 정상 부근. 남쪽 올라가는 길

용정리토성 성책지(2011)와 정상부 가는 현 성책지 옆

지 자연상태에서 바닷물이 거슬러 올라오는 감조하천이다.

경지정리가 이루어진 80년대 이전까지 두포천과 고부천의 중상류에는 '갯들'이라고 불렸던 곳이 많았다. 마을사람들이 농사를 지으면서 땅을 파보면 갯벌과 관련된 '개흙'이 나온다고 하였다고 한다.

용정리토성은 용정마을 경로당에서 북쪽으로 80m가량 떨어진 해발 75m의 염창산 하단부에 위치한다. 염창산 정상부에는 고려·조선시대에 이용되었을 것으로 추측되는 염창산성이 자리한다. 1991년 부안군에서 발간한《부안군지》에는 염창산의 동남쪽과 서북쪽 산기슭에서 1단 또는 2-3단으로 깎아낸 회랑도가 잔존한다는 내용이 있는데, 회랑이 자리할 것으로 추측되는 곳은 대부분 경작지와 민가 조성이 이루어져 상당 부분 형질 변형이 이루어진 것으로 보인다. 때문에 경작지가 조성된 지역에서는 성벽과 직접적으로 연관된 토단을 확인할 수 없었다. 다만 구릉의 북쪽 사면은 비교적 원지형이 잘 보존되었는데 이곳에서 구릉 하단부를 따라서 둘러진 토단을 확인할 수 있었다.

토단은 1단으로 높이가 6m 내외이며, 잔존 둘레는 20m 내외이다. 토단의 안팎에서는 다량의 유물을 수습할 수 있었는데, 수습된 유물로는 경질무문토기편, 파수, 격자문이 타날된 회청색 경질토기 동체부편, 장방형 투창 고배 등이 있다. 이러한 유물들은 주로 원삼국·삼국시대에 사용한 것으로 알려져 있다.

주변에서 원삼국·삼국시대에 이르는 유물이 수습되고 전체적인 모양이 토성의 성벽과 유사하여 이 토단이 성벽과 관련된 것일 수도 있지만, 경작과 같은 후대의 훼손으로 인해 조성된 토단일 가능성도 있다. 토단의 내부지형은 북쪽이 경사가 비교적 급한 반면에 동남쪽은 완만하다. 대체적으로 완만한 지형을 이루고 있기 때문에 토성과 관련된 부속시설의 가능성을 염두에 두고 조사를 실시하였으나 염창산성과 관련된 부속시설 이외에 다른 흔적은 확인할 수 없었다. (《2020년 부안성곽학술조사》, 부안군, 2020, 80쪽)

2부

곡물을 저장하고 도자기를 보관하던
곡물·도자기 산성

《호남지도 湖南地圖》 (1724~1776년, 서울대학교 규장각 소장)

반곡리토성 盤谷里土城

동진강 방어기지, 백제의 군량창고

삼국시대 | 테뫼식 | 동진면 반곡1리, 2리(안성리 424-1번지 일대)

반곡의 유래

반곡리토성이 위치한 동진면 안성리 반곡마을은 동진면사무소에서
약 2km 지점에 위치하고 있다. 반곡이라 불리는 유래를 살펴보면, 이
마을을 감싸고 있는 뒷산을 '왕개산'이라고 부르며, 이 산줄기 중 반
달과 같이 움푹 들어간 곳인 '조리혈'(또는 쟁반혈, 소반혈) 속에 자리를
잡게 되었다고 하여 '소반 반', '쟁반 반(盤)' 자와 '골 곡(谷)' 자를 따서
반곡리盤谷里라 부르게 되었다고 한다.*

또 다른 유래로는, 삼국시대에 신라와 백제가 지금의 동진강인 백
강에서 큰 싸움을 했는데 백제 토성인 '반곡리토성'에 주력군인 백제
군이 있었고, 백강 앞에는 나당연합군이 왕성이(지금의 안성리)를 점거
하고 대치했다고 한다. 당시 반곡리토성에서는 수많은 군마를 조련키

* 《부안향리지》, 부안군, 1991, 318쪽.

반곡1리, 2리 마을과 반곡리토성(위), 문포 쪽에서 본 반곡리토성(중), 반곡리토성에서 본 변산반도(하).

위하여 큰 가마솥 10여 개를 걸고 밥을 지었는데, 가마솥이 얼마나 컸던지 일천여 명의 군사가 밥을 먹을 수 있을 정도였다고 해서 반곡이라는 이름으로 불렸다고도 전해지고 있다. 한편으로는 지금의 중국 강남성 제원현 북쪽에 있는 반곡리와 지세가 비슷하다고 하여 반곡이라 이름이 붙여졌다고도 한다.

10여 년 전까지만 해도 왕개산과 증산甑山의 전상에서는 백제 군량으로 쓰였던 벼와 보리 등이 발견되었다고 한다. 반곡마을은 지금부터 약 400여 년 전 남양 홍씨南陽洪氏와 담양 전씨潭陽田氏가 겨울에 찬바람과 눈보라를 막아주는 왕개산 앞 양지바른 곳에 터를 잡으면서부터 마을이 형성되었다.

이 왕개산의 정기를 받아서인지는 몰라도 반곡마을에서는 예로부터 충신과 문인이 많이 배출되었다. 홍씨 문중의 14대손인 어마두 장군이 당시 청국의 조선 침략에 대해 절대 부당함을 주장하다가 장렬하게 전사했는데, 어마두 장군의 묘소가 이 산에 있었다고 전한다. 아쉽게도 지금은 찾기가 어렵다. 또한 조선 말기의 거유巨儒인 간제 전우(田愚, 1841~1922년) 선생이 한때 이 반곡마을에서 후진 양성에 심혈을 기울였는데, 전국 각지에서 모인 제자가 수백에 이르렀다고 한다. 반곡마을은 1945년 해방 전까지는 앞에 위치한 본덕리 후산마을과 한마을이었는데, 1960년 행정구역을 개편하면서 안성1리로 분리되었다.

반곡리토성의 기능와 규모

동진면 반곡리토성은 부안읍에서 북쪽으로 약 3km 지점, 문포항 도로

반곡리토성의 북쪽(위), 반곡리토성의 정상 부근(아래)

변 서쪽인 안성리 424-1번지 일원에 있다. 40m 높이인 마을 뒷산의
산봉우리에서 서남쪽으로 완만하게 내려가는 긴 성책지이다. 반곡1,
2마을은 북쪽에서 감싸고 있는 해발 61m*의 야산에 자리한다. 야산
의 정상부는 동북-서남쪽으로 뻗은 긴 '8'자 형으로 양 끝이 넓고 가
운데가 좁은 매우 평평한 대지이다.

 반곡리토성은 주류성의 해안을 방어하던 산성이었다. 당시 계화도

---

* 반곡리토성의 높이는 기록상 61m이지만, 현장에서 고도계로 확인한 결과 40~48m
 까지 차이가 났다.

내해(현재는 동진면, 행안면, 계화면)와 동진강이 합수하는 두포천 하구로 올라오는 적을 효과적으로 막기 위해서 축성되었다. 이런 기능의 성들로는 구지리토성, 염창산성, 수문산성, 용화동토성, 부안진성(상소산성) 등을 꼽을 수 있다.

반곡리토성의 허리 부분은 매우 가늘고 길어서 폭이 15m에 불과하며, 길이는 약 300m에 이른다. 평지에서는 양변이 대지를 이루고, 동편은 산봉우리의 허리에 토단을 둘렀고 정상도 대지를 이룬다. 성 내부에 백제계 토기편이 널려 있었는데, 그 중에서 볍씨자국토기가 발견되었다.

정상부를 따라 성벽이 존재하는지를 살펴보았으나 확인되지 않았다. 다만 야산의 경사면이 2단으로 다듬어져 있는데 이것이 성벽과 관련되었는지 후대의 경작과 관련되었는지 알 수 없었다. 성곽을 밭두렁으로 사용했는지를 주민에게 물었지만, 주민들은 성곽 자체를 몰랐고, 밭두렁을 만들다 보니 경사면이 많아졌다고 했다. 성 내부는 민묘만 확인될 뿐 성과 관련되었을만한 시설은 확인할 수 없었다. 산성을 조사할 당시 산성 내부에서 회청색 타날문 토기편과 청자편, 분청자기편, 기와편, 암회색 경질토기 등이 수습되었다고 한다.

반곡리토성에서 채집된 유물들

전영래 교수의 보고서*에 따르면, 반곡리토성에서 석기는 발견된 게 없고 토기류는 사질무문토기에서 회도계유문토기에 이르는 토기상을 보여주며, 특히 회도계로는 정선된 백도편이 섞여 있었다고 한다.

* 전영래,《전북 고대산성조사보고서》, 전라북도 한서고대학연구소, 2003, 60쪽.

반곡리토성에서 발견된 구석기 토기

'적갈색무문토기'로는 소산리와 같이 사지뢰황색토를 태토로 하는
토기편이 있는데, 토기의 표면에 연호문連弧文이 음각되어 있어 흥미
로우나, 발굴된 단편의 양이 적어 전모를 파악하기는 어려웠다고 한
다. 동질의 퇴화한 주둥이가 밖으로 굴절되어 열린 옹현토기의 구연
부 단편이 있었고, 역시 동질의 퇴화한 그릇편 등이 있었다. 그 중에
는 격자문이 타날된 토기도 있었다고 한다.

'김해식 회도계편'은 회도의 색채, 소성도, 태토식이 다소 차이가 나
나 언뜻 봐도 앞의 적갈색무문토기보다 태토가 정밀하고 물레로 성
형되었음을 알 수 있었다고 한다. 그 중에는 백색연질토에 가는 격자
문을 타날한 것, 백토외면에 융기된 띠를 두루고 흑색으로 그을린 것,
동질의 넓고 심하게 외반한 주둥이 부분, 또는 직립한 단순한 주둥이
부분 등이 있고, 소뿔형 손잡이는 회황색의 정선토로 동체에 구溝가
패이고, 첨단이 평면으로 재단된 것이 있다. 환상파수편環狀把手片은
회색인데 안쪽 면에 볍씨자국이 있었다고 한다.

답사길에 만난 토성

반곡리토성을 찾아가는 길은 부안군 동진면 소재지에 있는 동진초등학교를 조금 지나 우회전하면 705번 지방도를 탈 수 있다. 5분여를 가다보면 첫 사거리가 나오는데 그곳에 토성이 있다. 반곡2리 마을 뒤로 산성의 윤곽이 보인다. 반곡삼거리에서 705번 종점인 문포로 빠지지 않고 계화면 소재지로 가는 길로 좌회전해서 바라본 모습이다. 반곡2리 마을 후면에서도 이러한 모습을 볼 수 있다.

지금은 반곡리토성에서의 고요한 정취가 정겹지만, 백강구 전투가 있던 당시에는 동진강 남쪽의 전진 기지로 활약했던 곳이다. 산성은 왜와 당나라 군선이 벌인 전쟁을 낱낱이 목도했을 것이다. 어쩌면 왜가 남부여(동진강 입구)를 지원하기 위해 보냈던 군선이 불타오르는 아비규환의 순간을 기억할지도 모르겠다. 분명 반곡리토성에서도 상당히 큰 전투가 벌어졌을 것이다. 왜냐하면 고대 동북아 최고의 국제전이 벌어졌던 중심부에 반곡리토성이 놓여 있기 때문이다. 이곳에서 서북방을 바라보면 오른쪽으로 계화산(246m)이 보이고 가까이는 새포산(20.4m)이 보인다. 계화방조제가 들어서기 전에는, 계화산은 섬이었고 새포산은 서해 포구였다. 이곳 반곡리토성도 동진강 유역의 포구였을 것으로 보인다.

답사해서 보니 이곳은 정말로 방어에 유리한 토성이었다. 해발고도가 낮고 석성도 보이지 않아서 왜소해 보이지만, 50년 전만 해도 성의 주변은 거의 습지와 갯골로 이루어져 있었다. 그 옛날 육로로 이동해 왔던 신라군이 이곳을 공격하기는 매우 어려웠을 것이다. 그렇다고 아무리 당 수군의 대군이 배를 타고 온다 해도 반곡리토성을 비롯한 주변의 작은 산성들을 하나하나 점령하기란 쉽지 않았을 터이다. 밀물과 썰물의 물때를 모르고 함부로 공격했다가는 배가 갯벌에서 헤어나올 수 없어서 고립될 것이기 때문이다. 이곳은 아직도 깨진 기와장과 그릇들이 널려 있다. 필자가 만난 마을 어르신은 깨진 조각들을 한데 모아놓고 있었는데, 형태상으로는 가치가 커 보이지는 않지만 역사적인 의미는 있었다.

　부안과 인접한 고창에서 고수면 부곡리 중산유적이 조사된 적이 있는데, 주먹도끼, 양날찍개, 긁개 등 구석기 유물들이 출토되었다. 동진강 수계의 반곡리토성 부근에서도 타격이 가해진 구석기 유물 1점이 채집되었다. 구석기 유적이 없었던 동진강 유역에서도 구석기 유물이 나온 것으로 보아, 반곡리토성 부근 역시 인류의 역사와 문화가 숨 쉬고 있었을 가능성이 높다고 하겠다.*

---

* 《부안군지》〈부안의 역사〉, 부안군, 2015, 76쪽.

영전리토성 英田里土城

군량미 저장과 기와골 수군 근거지

삼국시대 | 평지식 | 전북 부안군 보안면 영전리 424-1, 신월마을 / 원 영전마을

보안면의 유래, 토성과 가마터의 위치

영전리토성은 필자의 고향 마을에 위치한다. 필자가 다닌 보안중학
교에 가려면 영전리토성을 거쳐야 했다. 날마다 지나는 길이었지만
토성을 알아보거나 확인한 적은 한 번도 없었다. 당시에는 흔한 야산
이나 신월마을 동네 뒷산으로만 여겼다. 어린 시절 영전리 와동(면소
재지 아래 마을)에는 기와를 굽던 곳이 있었고, 가마터의 위치도 알고
있었다. 지금은 가마터가 사라졌지만 이곳 사람들은 여전히 기와골
(사투리로 '지야골')이라 부르곤 한다. 대학에 들어가서 고향 부안의 역
사를 하나하나 공부하게 되면서 영전리토성이 자리한 위치를 알게
되었다. 고향집에서 20분 거리여서 영전리토성을 수십 차례 오갔다.

영전리토성의 위치는 지금까지 보안면사무소 뒤(또는 영전초등학교
뒤, 신월마을 입구)인 '보안면 영전리 424-1번지'로 알고 있었으나, 전영

영전리토성의 봄(위)과 겨울(중간), 신월마을 뒤에서 본 영전리토성

래 교수는 '보안중학교와 원 영전마을 뒷산'이 라고 하였다.*

영전리토성이 위치하고 있는 보안면은 마한 시기 부족국가로 성립 되었고, 백제 무왕 1년(600년)에 '흔량매현欣良買縣'이라 칭했으며, 통 일신라시대 경덕왕 1년(742년)에 보안保安현으로, 경덕왕 16년(757년) 에 희안현喜安縣으로 개칭되었다. 고려시대 다시 보안현으로 바꾸었 으며 조선시대 태종 16년(1416년) 12월에 부령扶寧현과 보안현을 합 병하여 부안현에 속하게 되었다.

이름의 유래에서 보듯, 보안은 본래 보안현의 중심지였다. 보안현 은 백제 때부터 고을이었고 조선 초에 부령현과 합해져 부안현이 된 것이다. 부안扶安의 '안安' 자가 바로 보안保安에서 왔다. 일제강점기 에 보안은 입상과 입하면으로 분리하여 집강을 두고 집무를 행했고, 1916년 4월 입상과 입하면을 다시 합하여 보안면으로 개칭되었다. 그 러다가 1963년 주민 조직 개편에 따라 10개리, 43개로 행정이 분리로 된 이후 1994년도에 행정조직 개편으로 10리 44마을 89반으로 편성 되게 된다.**

보안면에 있는 영전리토성과 유천리토성은 일제강점기에 군량미 저장 창고인 사창舍創들을 지키려고 보완하여 축조되었는데, 현재 그 대로 형상이 남아 있다. 옛 장터였던 곳은 현감이 기거해서 고현리古 縣里라 했고,*** 기와를 굽는 곳은 기와골이라 불렀다. 이러한 옛 가마

---

* 영전리토성지의 위치에 대해 두 가지 주장이 있다. 먼저《부안향토문화지》〈부안진성 고〉편에 기록된 '영전리 424-1번지의 토성지'란 주장이 있다. 다른 하나는 전영래 교 수가 쓴《전북 고대산성조사보고서》(2003)에 '보안중학교'와 '원 영전마을 뒷산'이 영 전리토성지라는 주장이다. 하지만 영전리토성은 '영전리 424-1번지'로 봐야 한다.

** 김형관,《내 고향 보안》, 재경보안면향우회, 1991, 10쪽.

*** 고현리는 현재의 영전리이며, 영전리 와동마을을 기와골이라고도 부른다.

터들이 보안면과 진서면 일대에 꽤 흩어져 있다. 이런 가마터들은 과거 역사를 더듬어갈 수 있는 귀한 자료들이다. 유천마을에는 유일하게 고려청자를 굽던 곳으로 알려진 '유천 도요지'가 있으며 사적 제69호로 지정되었다.

신월마을 규모와 사람들 이야기

영전마을(신월마을)과 관련하여 '英田里 토루 주원적 250간(450m) 고 9척'*이라는 기록이 있다.

마을의 평면은 장축 200도 방향의 타원형이며, 남북 장축 길이는 180m, 동서너비는 130m이다. 서남북 3면이 약간 높고 동남변이 낮아 수구가 트였는데, 평지에 성을 협축한 것에 반하여 이곳만은 둑을 쌓아 테라스상 대지를 형성했다.

실측을 해보니, 마을 둘레의 총 길이는 527m, 남변(원 영전마을 왼쪽에서 보안중학교 오른쪽 끝부분 산) 구간은 길이 98.5m, 남으로 계속되는 언덕에 접하는 부분에 공터空攄를 파고 토성을 협축했다. 보안중학교 오른쪽 뒤 지점부터 남으로 약 42m 떨어진 곳에 중학교의 울타리가 북서우각과 마주친다.

영전마을은 마을 뒷산이 초승달 모양으로 마을을 둘러싸고 있다고 하여, 새로운 달을 뜻하는 '신월新月'마을이라고도 부르게 되었다고 한다.

마을 앞에는 아무리 가물어도 마르지 않고 항상 생수가 솟는 우물이 있어 동네 아낙네들이 물동이를 머리에 이고 다니며 정담을 나누

* 《부안향토문화지》〈부안진성고 편〉, 변산문화협회, 1980, 430쪽.

상입석 쪽에서 본 신월마을 뒷산(위), 보안면 영전리 신월마을 전경(중간).
아래는 1989년 보안면사무소 뒤인 신월마을 입구 (김형관, 《내 고향 보안》, 10쪽.)

었다. 1935년 축조한 자그마한 저수지인 신월제가 자리하여 인근 농경지의 젖줄 역할을 하고, 깊은 밤이면 신월저수지 물에 잠긴 달빛 또한 이 마을을 아름답게 한다.

옛말에 '마을의 남쪽이 밝게 내려 보이면 동네가 쇠퇴한다'고 하여 마을에 살던 조상님들이 소나무를 많이 심었다고 한다. 세월이 흘러 이 소나무들은 아름다운 노송이 되었는데, 1967년 마을에서 집집마다 호롱불 신세를 벗고자 하는 농어촌 전환 사업의 자금으로 충당하기 위해 이 노송들을 베어서 팔았다. 그런데 후로 마을의 젊은 사람들이 한 사람씩 죽어나가고 마을도 점차 빈곤한 촌락으로 전락했다. 마을 사람들은 이런 화가 다 마을을 지켜주던 노송을 베었기 때문이라고 입을 모았고, 마침내 노송이 있던 자리에 새 소나무를 심었다고 전한다. 하지만 여전히 마을의 빈곤은 면치 못하고 있다. 현재는 마을에 10여 그루의 소나무가 남아 있다.

신월마을에는 얼마 전까지만 해도 조선 말기 최 참봉 자택에서 부친 출상에 쓰기 위해 제작한 3층 상여를 기증받아 보관했었다. 이 무

옛 보안중학교 뒤에서 바라본 신월마을 전경 (《부안향토문화지》, 변산문화협회, 1980)

렵 이 참봉 자택에서 조각하여 제작한 4인조 가마도 신월마을에서 보관해왔으나 현재 분실되었다.

영전리토성의 모양과 규모

신월마을 영전리토성은 줄포만으로 들어오는 어로의 중간(줄포와 곰소)에 위치하여, 앞으로는 유천리토성과 뒤로는 두량윤이산성과 줄포방면의 장동리토성의 연결고리였던 곳이다.

영전리토성의 주위 총길이는 512m이다. 북변은 평지에 성을 쌓았는데, 높이는 외사면 8m, 내사면이 7m, 상면 폭이 1m이다. 남변에서는 외사면 4.5m, 내사면이 8m, 상면 폭이 3m이다. 성내는 지형에 따라 남쪽(현재의 와동부락)으로 차츰 낮아져 수구(水口)에 달한다. 수구에 남문터와 동문터가 있고, 서북부의 서문 자리는 옹성형甕城形으로 너비 10.5m이다.*

보안중학교 오른쪽 뒤 끝 지점 부근의 토성 단면을 보면, 외사면 길이 4.5m, 경사각도는 27도로서 급한 편이고, 상면 폭은 3m, 바닥 폭은 14m 정도이다. 내사면의 길이는 8m, 경사각도는 18도이다. 외사면의 수직 높이는 4.6m, 내사면의 높이는 2.6m에 불과하다. 결국 내사면의 바닥이 외사면의 바닥보다 1.5m가 높다.

서변은 보안중학교 오른쪽 뒤 지점에서 신월저수지 입구에 이르는 139m 구간인데, 모두 토성을 협축했다. 이 지점에서 약 45m까지는 거의 수평으로 내려가다가, 거기서부터 약 15도의 경사를 이루고 낮아지는데, 다음부터는 거의 수평을 이루며 신월저수지에까지 이른다.

* 김형관,《내 고향 보안》, 재경보안면향우회, 1991, 30쪽.

영전리토성 성책지 전경

　영전리토성은 신월저수지의 수문 위부터 상립석 방향으로 둥글게 호형을 그리며 돌아갔다. 이 지점부터 토성 절단부보다 3m를 남겨두고 약 10.5m의 간격을 벌리고 외성이 계속되는데, 이곳이 서문지로서 일종의 옹성 구실을 하는 특이한 구조를 가지고 있다.

　이 부근의 토성 단면은 외사면 31도로 8m, 내사면 28도로 7m로서 바닥 폭은 약 14m, 내부 바닥은 외부 바닥보다 약 1m가 높다. 신월저수지 수문 쪽에서 시작되는 외성도 약 78m를 돌다가 북단(보안중학교에서 정반대 방향) 지점을 통과한다. 이 지점에서 다시 51m를 지나면 통로가 설치된 영전리 제내마을 방면 쪽의 지점이 된다. 동변(영전리 제내마을에서 저수지를 통해 보안중학교 뒤편까지)은 길이 160.5m, 역시 토성을 협축하였는데 중간에 동문지(원 영전마을 끝부분)가 자리한다. 동문지에서 남문지까지는 74.5m, 동문지 폭은 약 6m이다. 동문지부터 높이가

영전리토성 출토 유물과 도자기편 (《부안군지》, 부안군, 2015, 131쪽)

차츰 낮아져 40여 미터 지점에서는 토루가 단절되고 길이 22m의 수구 제방을 쌓아 테라스광장을 형성하고 있다.

남문지는 이 테라스상 광장 남단에 이어지는데, 너비는 9m 내외이다. 수구는 신월리에서 내려오는 개천과 합쳐지는데, 줄포만이 깊숙이 만입했고, 지금은 논으로 개간되었으나 예전에는 수로로서 남문 바로 밑까지 선박이 닿았을 것으로 추정할 수 있다. 이점을 볼 때, 영전리토성은 고려 후기 왜구가 창궐할 당시에 수군 근거지로 쓰였을 것으로 추정된다.

신월마을에는 마을 뒤편에 자그마한 동산이 있어 정월대보름날이면 남녀노소 할 것 없이 한데 모여 줄다리기나 농악 등을 즐겼다. 또한 마을 잡귀를 몰아내고 협동 단결을 위해 산성 입구에서 당산제를 줄곧 이어왔다. 허나 1970년대 접어들어 야산을 개발한 뒤로 그 바람에 동산은 자취를 감추고 지금처럼 토성의 흔적만 남았다.

조선 영조 46년(1770년)에 제작된《문헌비고》에서 영전리토성에 대해 다음과 같은 기록이 남아 있다.

《여지고》해방 서해조에 "고군영, 일재 보안폐현남칠리 노방소루, 금개훼기, 이상전 본조초, 현위병마사영시, 방성군분택어차古軍營, 一在 保安廢縣男七里 路傍小壘, 今皆毀玘, 而相傳 本朝初, 縣爲兵馬使營時, 防成軍分宅於此"라 하였다. 영전리토성은 5만분의 1 지도상에 고현리라 보이는 지점에서 남방에 있으며, 이를 참고하면 이 영전리토성의 축조 연대는 조선 초 태종 대로 추정할 수 있다.《대동지도》부안 성지도에는 "소루 보안현 남칠리로방, 국초치진시, 방성군 분둔간차小壘 保安縣南七里路傍, 國初置

전영래 교수가 주장하는 원래 영전리토성 모습

鎭時, 防成軍 分屯于此"라 하였다.

　전영래 교수가 주장한* '보안중학교 뒤 원 영전마을의 영전리토성'
이 있는 마을은 보안면사무소에서 동쪽으로 0.7㎞ 지점에 위치한 마
을이며, 텃밭에 미나리 꽃이 많이 피어나 '꽃뿌리 영(英)' 자와 '밭 전
(田)' 자를 써서 '영전英田'이라고 부르게 되었다.

　영전마을 안쪽에 유천서원柳川書院이 자리하고 있다. 이곳은 부령
김씨扶寧金氏의 선대인 죽계공 김굉과 화곡공 김명, 농암공 김택삼
과, 태인 허씨 선대인 동상공 허진동許震童을 추모하고 후진을 교육

---

*　전영래,《전북 고대산성조사보고서》, 전라북도 한서고대학연구소, 2003.

빨간 원형은 원래의 영전리토성. 파란 원형은 전영래 교수가 주장하는 영전리토성(왼쪽은《조선5만분의지형도》, 1918년), 오른쪽은《전북 고대산성조사보고서》, 2003년)

시키고 있으며, 매년 음력 4월 6일에 추모제를 올리고 있다. 하지만 이곳 주민들은 영전리토성에 대한 이야기는 들어보지 못하였다고 한다.

자료1

3세기 말경 중국 진晉나라의 진수陳壽가 편찬한《삼국지》〈위지 동이전魏志東夷傳〉마한조馬韓條에, 마한의 부족국가 54개국의 이름이 나오는데 그 중의 하나인 지반국支半國이 지금의 부안 지방으로 비정되고 있다.《삼국사기》에는 지금의 부안읍 지역이 개화현皆火縣, 보안면 지역이 흔량매현欣良買縣이었다는 기록이 남아 있다. 즉 부안군의 명칭을 사용하기 이전의 부령현과 보안현 이전의 기록에서 내용이 같음을 알 수 있다.

신라가 삼국을 통일한 후인 경덕왕 16년(757년)에 개화현을 부령扶寧이라 고쳐 불렀는데, 계발戒發이라고도 하였으며 고부군古阜郡의 속현이었다. 흔량매현은 희안喜安이라 하였으며, 역시 고부에 속하였다. 고려 초에 희안현을 보안현保安縣이라 다시 고쳤으며, 별호를 낭주浪州라고도 하였고, 부령의 별호는 부풍扶風이라고도 하였다. 고려 말 우왕 때에는 부령현과 보안현에 감무를 설치하였다. 이 지역은 해안선을 낀 군사적 요충지였기 때문에 염창산성을 비롯한 13개의 크고 작은 성과 계화도 봉수대, 격포리 봉수대, 그리고 진鎭과 포浦가 많이 산재하고 있었다.(《2020년 부안성곽학술조사》, 부안군, 2020, 33쪽)

자료2

보안면 영전초등학교 뒤 대지상에 타원형 평면의 토루성이 있다. 고적조사 자료에 영전리(신월리) 토축 주위 약 250간(약 450m) 고9척이라 한 것이다. 1966년도에 전주박물관장 전영래 관장에 의하여 실측되었다.

이에 의하면, 주위 총장 512m, 북변은 평지에 축타하였는바, 높이는 외사면 8m, 내사면이 7m, 상변이 1m이다. 남변에서는 외사면 4.5m, 외사면이 8m, 상변 폭이 3m이다. 성내에는 지형에 다라 남쪽이 차츰 낮아져 수구에 달한다. 수구에 남문지와 동문지가 있고, 서북우의 서북지는 옹싱형으로 너비 10.5m이다.

수구는 신월제에서 내려오는 줄포만의 깊이 만입된 곳으로 지금은 수구이나 왕년에는 남문직하 선박처가 있었을 것이다. 이 성은 고려말기의 소축으로 추정된다.(《부안향토문화지》〈부안진성고 편〉, 변산문화협회, 1980, 430쪽)

유천리토성 柳川里土城

고려청자 비색 재현과 곡물 저장 창고

고려시대 | 평지식 | 보안면 유천리

유천리의 고려청자 도요지

부안군 보안면 유천리에 있는 유천리토성은 현재 유천리가마터(유천 고려청자 기념비)가 있는 남쪽에 접한 평지 북쪽 가장자리에 위치해 있다. 길이 216m의 주를 쌓고, 양 날개에 뻗은 능선을 따라 남방으로 뻗은 토루는 양변이 약 140m 길이로 내려오다가 중앙 수구를 향해 연결된다.

유천리토성에는 11~12세기 최고의 고려청자 발생지인 '부안 유천리 요지'가 있다. '요지'란 도자기, 기와 등을 굽던 가마와 공방지의 흔적이 있는 터를 말한다. 부안 유천리 요지는 고려시대인 12세기 후반에서 14세기에 다양한 청자가 제작되었던 곳이며 일곱 개의 구역으로 나뉜다. 유천리토성이 있는 이곳 4구역은 3구역과 연접한 구릉부에 위치하며 12세기 후반에서 14세기 전반에 운영된 것으로 추정되

유천리토성 성책지의 겨울(위), 토성지(중간), 2011년에 촬영한 토성지(아래)

부안 유천리 도자기 요지

며 약 9개소의 요지가 분포한 것으로 확인된다.

　이곳 유천리 도자기 요지에서는 무문을 비롯하여 음각, 압출양각, 상감, 철백화, 상형기법 등으로 모란, 국화, 당초, 뇌문, 연판, 앵무, 여의두, 연화, 동자 등 다양한 무늬를 장식한 청자가 만들어졌다. 그릇도 만들어졌는데 그 종류로는 접시, 발, 완(찻잔), 잔, 통형잔, 뚜껑, 매병, 합, 호, 향로, 연적 등이 지표에서 확인되었다. 무늬 없는 회록색 청자도 만들어졌지만, 상감·철백화·압출양각·상형 기법으로 화려하게 무늬를 넣은 고급 청자도 만들어져 청자 제작의 다양성을 보여준다.

　유천리 도자기 요지는 사적69호로 지정되었으며, 2011년 유천리 청자박물관이 개관되었다. 부안군 유천리 청자 유적은 1929년 일본인에 의해서 첫 발굴이 이루어졌다. 바로 이 고려청자 발굴 유적지(도요지)의 일대에 유천리토성이 위치한다. 토성의 무너진 흙더미 속에서 고려청자편이 노출됨으로써 유천리토성이 고려청자 도요지 설치

왼쪽은 유천리 12호 청자 요지 일대 조사구역 및 유천리토성 위치(《부안군 문화유산 자료집》, 부안군, 2004, 43쪽.) 오른쪽은 폐기된 청자들.

보다 늦은 시기, 곧 고려 말에 쌓여진 것으로 추정되었다. 현재도 유천리의 고려청자 발굴지 곳곳에서 고려청자 파편이 발견되고 있으며, 유적지로 계속적인 발굴이 필요한 곳이기도 하다. 가까운 곳의 영선리 와동, 진서리 등에서 기왓장을 굽던 가마터들이 보존되고 있으나 안타깝게도 사라진 곳이 많다.

유천리토성을 조사하면서 주위에 여러 고구려 가마터로 보이는 유적을 발견했다. 이는 보안면과 진서면에 도자기 가마터가 다수 있었음을 말해준다.

토성의 기록, 구조, 규모

유천리토성에 대한 기록은 《삼국사기》 〈지리지〉에 다음과 같이 기록되어 있다. "고부군은 본래 고사부리군이요 영현이 세 곳이 있는데, 그 중 부녕현은 백제시대의 개화皆火현이고 희안喜安현은 백제시대의 흔량매欣良買현, 후의 보안이고, 상질현은 본시 상시현이다.*"

유천리토성은 곰소행 도로(청자박물관 이전) 남쪽에 접한 언덕에 대략 방형으로 쌓았다. 남서우각에서 남으로 지형을 따라 포구까지 성곽은 약간 높은 북곽을 배후로 삼고, 좌우의 능선을 따라 토루를 쌓았으며 남변 중앙의 수구를 향해 마주쳤는데, 남변에는 공호空濠를 설치했다. 유천리토성의 평면은 북변(유천리 버스정류장에서 외포 벽돌공장 뒤)이 거의 동서 직선으로서 길이는 231.2m이고, 동변(유실된 쪽)은 이로부터 170도 남쪽 방향으로 꺾이었는데 역시 거의 직선으로 길이는 145m이다.

서변(유천리마을 들어가는 곳)도 약간 밖으로 벌어져서 남서 200도 방향으로 거의 직선으로 토루를 쌓았고 길이는129.2m이다. 남변은 동서우각에서는 약간 외장하면서 중심부에서는 수구 부위를 안으로 들여서 세웠다. 남변의 길이는 293.5m로, 북변보다는 60여 미터가 길다. 평면은 합죽선을 편 것과 같은 사다리꼴(梯形)이다.

서변(버스정류장) 지점에서 남으로 80여 미터 내려간 지점에 서쪽으로 돌출된 우루태지隅樓台地가 있고 길이는 28.5m, 너비는 약 19m이다.

남변 서반, 곧 남서모서리(정거장 가정집 넘자마자)에서 동으로 126m까지는 토루 전면에 공호空壕를 설치했다. 공호는 너비가 7m이다. 이 지점의 토루 성 안쪽으로 경사각도는 25도, 경사면 거리는 4.5m, 수직 높이는 약 2m이다. 토루 상면은 개간으로 원형이 무너졌으나, 상

* 古阜郡 本百濟古沙夫里郡 景德王改名 今因之 領縣三, 扶寧縣本百濟皆火縣 今因之, 喜安縣本百濟欣良買縣, 尙質縣本百濟仩柴縣 今因之.

유천리토성 원경과 성책지(《부안군 문화유산 자료집》, 부안군, 2004, 188쪽)

면 폭 5.5m, 밖으로 6도 정도 기울어졌다. 공호는 이로부터 약 1m를 내려가서 7m의 폭으로 둘러 있다. 서변 중간에서의 토루 단면을 보면 성내는 경사각도 -25도, 사면거리 5m, 수직 높이는 2m이고, 성 외변은 경사각도 27도에 사면거리 7m이다. 수직 높이는 3m가 되므로 외사면이 내사면보다 1m가 낮은 셈이다. 밑변의 단면은 약 12.5m의 폭이고 토루 상면의 폭은 2m가 된다.

동변 버스정류장 근처 지점의 토루 단면 역시, 삼면 폭 2m, 성 안쪽 경사각도 20도에 사면길이 3.4m, 수직 높이 1.2m, 외사면의 사면거

유천리토성에서 본 영전저수지 방향

리 3.4m, 경사각도는 35도로, 수직 높이는 2m가 되어 역시 안쪽보다 바깥쪽 바닥이 1m 정도가 낮다. 밑바닥의 폭은 7.5m 내외가 된다.

남서우각 지점(버스정류장 부근)에서 남으로 뻗은 외성은 남서 200도 방향으로 약 273m를 뻗다가 방향을 바꾸어 남동 125도 방향으로 약 37.4m의 해안선에 이른다.

이 외성의 총 길이는 647m가 된다. 이는 외성인 동시에 포구에 이르는 교통로의 기능도 아울러 가지고 있었을 것이다. 외성의 굴절 지점(집 넘자마자) 부근의 토루 단면을 보면 상면 폭이 1.6m, 외변의 경사각도 –15도에 사면길이 2.2m이고, 내변의 경사각도는 –26도이며, 경사면 길이는 7.5m가 된다. 따라서 내변의 수직 높이는 3.3m가 된다. 이처럼 성 안쪽의 경사가 급하고 높은 것은 해안 쪽에서 내성의 남문으로 들어서는 외적을 방어하기 위한 일종의 옹성의 기능을 가진 것으로 추정된다. 이러한 유천리토성은 고려 말 왜구가 창궐할 당시 수군의 근거지요, 보안현의 방어기지였을 것으로 보인다.

유천리 명소들

유천리 도요지는 영전저수지 바로 옆 서쪽에 있으며, 바로 아래 고잔
(유천리 고잔마을)이라는 지명을 통해 도자기 유출 포구였음을 알 수 있
다. 백강구 전투 후 백제의 풍왕이 줄포만을 통해 배를 타고 고구려로
향했는데, 당시 배를 타고 출항한 포구는 보안면 유천리 외포마을로
추정되며, 희안시는 외포 서쪽의 구장터이다.

　고려청자의 유명한 유적지로는 부안과 전남 강진, 경기 광주를 꼽
는다. 그러나 부안의 유천요에서 나오는 고려청자를 최상품으로 쳤다
하니 유천이 얼마나 유명한지는 미루어 알 수 있다. 이를 입증하듯이
마을 입구에는 고려청자를 굽던 유적지임을 알리는 비석이 세워져 있
다. 유천리마을 주변에는 고려자기를 굽던 도요지의 토성 흔적이 많
이 남아 있으며 지금도 옛 선인들의 넋이 어려 있는 고려청자의 비색
翡色을 재현하려는 장인들의 정신이 후손들로 이어지고 있다. 이들이
유천도요와 부안도요의 주인들이다.

　제안포는 유천리 해안가에 있는 호암, 고잔, 작은버드네 마을과 유
천리 동쪽 맞은편에 있는 은행정, 냉정, 영전 마을 사이 낮은 지대, 즉
지금의 영전저수지가 있는 곳이다. 얼마 전까지만 해도 바닷물이 들
어왔다던 곳으로, 더 먼 옛날에는 유정재 아래 사창마을까지 바닷물
이 들어왔던 흔적이 있다. 《고려사》 〈식화지2〉 조문조에 "제안포를 전
에는 무포라 불렀는데 보안군 안흥(창)에 있다"라는 기록에서도 확인
할 수 있다.

　유천柳川의 어원은 예부터 전해지던 산서(古來山書)에 달통했던 어
떤 지사가 '꾀고리 깃든 버들가지'란 뜻의 앵서유치鶯捿柳枝라 불러서

생긴 이름이라고 전한다. 또 다른 이름으로 유천리는 '버들내'가 '버드내'로 변형되어 현재까지 이어진 마을이라고도 한다.

마을 어귀에는 수령을 알 수 없는 고목이 여기저기 우람한 몸체를 자랑하고 있다. 옛날에는 이 고목 밑에까지 바닷물이 들어와 고목나무에 배의 닻줄을 매고 마을 북쪽 300m 지점에서 생산되는 고려자기를 실어 출항하기도 했다고 한다. 그러나 지금은 조수가 왕래하던 바다가 옥토로 변하여 그 흔적을 찾을 길이 없어 세월의 덧없음을 한껏 느끼게 한다.

마을 어귀 버드나무 밑에 바닷물의 조수가 왕래하였으나 이곳이 고래산서古來山書에 따른 지혈地穴로서 석간생수石間生水가 솟아나서 마을 공동 우물로 사용했다. 1973년 새마을사업의 일환으로 간이상수도 시설이 완공되면서 우물은 폐쇄되었고 지금은 사라졌다. 오랫동안 70여 세대 250여 명의 마른 목을 시원하게 적셔왔던 석간생수의 감미로움을 잊지 못하는 마을 어른들은 아쉬움을 토로하기도 한다.

유천리 지세는 서쪽은 동진농조 관할인 유천평柳川坪이 있고 남쪽은 서해안에 인접하고 있어 8·15 해방 후까지도 마을 앞 천혜의 소금을 구워 내다 팔아 생계를 유지해 왔다. 그러다가 1969년 호암방조제를 쌓아 바다가 농경지로 바뀌었고, 현재는 농업을 주업으로 하고 있다. 마을에는 솔밭과 고목古木이 된 아카시아가 있어 일제강점기까지만 해도 고목이 된 아카시아를 마을 당산으로 모셨고, 솔밭은 농부들의 여름 피서와 휴식 공간으로 활용되었다고 한다.

고려 최고의 문인 이규보(李奎報, 1168~1241년)는《동국이상국집》에 유천리에 대한 글을 실었다. 이규보의 시구를 살펴보면 청자에 대한

보안면 유천리 고잔마을 입구에서 바라본 유천리토성 옛 사진(《내고향 보안》, 1991). 아래는 멀리서 본 유천리토성.

칭송뿐 아니라 만들어지는 과정에 대한 이해가 남다름을 알 수 있다. 이규보가 청자에 조예가 깊었던 까닭은 부안에서 왕실의 재목을 관리하는 관직을 지낸 영향일 것으로 보인다.

　나무를 베어 남녘 산이 벗겨지고
　불을 지펴 연기가 해를 가리웠지
　푸른 색 자기술잔을 구워내
　열에서 골라 하나를 얻었네

선명하게 푸른 녹 빛나니

몇 번이나 짙은 연기 속에 묻혔었나

영롱하기 맑은 물을 닮고

단단하기 바위와 맞먹는데

이제 알겠네 술잔 만드는 솜씨는

하늘의 조화를 빌었나보구려

가늘게 꽃무늬를 점 찍었는데

묘하게 정성스런 그림 같구려

푸르게 빛나는 옥은 푸른 하늘에 비치네

한번 보는 내 눈조차 맑아지는 것 같아라

부령현 고을터와 고성산

삼국시대 | 삼태기식 | 행안면 역리마을

행안면 역리마을은 부안에서 가장 오래된 마을로 고려시대에는 부령현扶寧縣을 다스리는 치소가 있던 마을이다. 당시에 부안은 부령현과 보안현 두 고을로 나뉘어 있었다. 마을의 뒤로는 고성산古城山이 병풍처럼 둘러있어 토성의 성터 자취가 마을의 오랜 역사를 증거하고 있다.

조선시대 부안고을의 역원은 삼례역도參禮驛道에 속한 부흥역扶興驛인데, 지금의 읍내 동문안마을에서 이곳으로 옮겨왔으며 통신과 수송의 일을 주된 업무로 수행했다. 법전에 규정된 정원과 그 규모를 보면 역장 1인, 역리 7인, 노奴 72인, 비婢 30인, 역마驛馬 10필, 역전답 34석 11두락지였다. 이 역전답을 경작하여 역원을 운영하는 경비로 썼다. 역원은 정부의 병조兵曹에 속했고 삼례역도 찰방察訪의 관할하에 있었다. 이러한 우역제도郵驛制度는 오늘의 우체국 기능을 하여

위에서부터 부안읍 성황산에서 본 옥여마을과 역리토성. 행안농협 뒤에서 본 역리토성. 서옥
마을 입구 쪽에서 본 역리토성의 남서우각. 역리토성에서 바라본 석불산

시인 신석정의 묘비와 시비

온 것이지만 출장 나온 관리들의 숙소도 제공했다. 역리마을은 이처럼 정부의 중요한 기관이 있는 마을이었고 서도방西道坊의 중심지였다. 역리토성의 지명을 고성산성古城山城이나 부령산성扶寧山城으로도 부르는 까닭이 부안읍성의 모든 관청이 역리에 위치했다는 근거가 된다. 지역주민들 중에 지금도 역리토성을 고성산으로 부르는 이가 있다.

1950년대 이후로는 농촌지도소와 기상관측소, 경찰서와 소방서 등이 들어서고 근래에 고성산이 공원화되면서 시인 신석정(1907~1974년)의 묘비도 이곳으로 옮겨왔다. 신석정의 묘는 서옥마을 뒤 고성산의 정상에 있다.

역리토성의 구조와 규모

역리토성은 부안읍에서 서쪽으로 1.5km 지점에 있는 해발 68.3m의 고성산古城山의 남방 수구를 감은 기형토성지이다. 백제시대에 부안

역리(고성산)와 상소산(부안읍).
(1918년 〈조선5만분의지형도〉)

은 '개화' 또는 '자화'라 불리었는데 당시 고을터는 현 구지리토성이
었다. 따라서 통일신라에서 고려에 이르는 '부령현'의 고을 터는 바로
이 역리산성이다.

《동국여지승람》〈부안 고적조〉에 '古邑城 在縣西, 周500尺 內有六
泉'(고읍성 재현서, 주500척 내유육천)이란 기록이 보인다. 또《대동지지》
〈부안 성지조城址條〉에는 '古邑城 서3리, 주1,500척, 수6'이라 하였다.
《고려조사자료》에는 '토루로서 주원적160간, 고4척, 원형에 가까움'
이라 하였다.

역리토성은 외변에 토루를 성축하고, 내면에는 넓은 회랑도를 두루
고 있다. 남서 중앙의 수구안은 습지로서 논이며, 그 동북우에 우물자
리가 있다. 산성의 평면은 원형에 가깝다고 하였으나, 실측 결과 남변
(하서면 방향)은 약간 배부른 직선에 가깝고, 길이는 166.6m이며, 동변
(서옥마을 뒤)은 거의 직선으로 북상하다가 북단을 향하여 둥글게 만곡
되었다. 남서우각(서옥마을 입구 쪽)에서 북단(역리 사산마을 방면)까지는
163.1m가 된다. 서변은 북단(동진 당하리 쪽)에서 남서 240도 방향으로
직선을 이루며 내려온다. 이 구간(하서면 방면)을 북서변이라 하고 그
길이는 89.4m이다. 여기에서 다시 225도 방향으로 꺾이어 남서우각

역리토성의 성책지와 근경

현 역리토성(고성산)의 꽃무릇 동산과 토성지

(서옥마을 입구 방면)에 이르러 남변과 합쳐진다. 이 구간(하서면 쪽)의 길이는 116.5m이다. 전체의 둘레는 535.6m가 된다.

남서우각(부안소방서 방면)에서 동으로 약 59m 떨어진 지점(신석정 묘지 아래)에 수구가 있고, 남문지(서옥마을 뒤쪽)가 있다. 이 수구의 둑 길이는 13m가 된다. 성내는 저습지로서 논으로 개간되었는데, 북동으로 60m 떨어진 곳에 우물터가 있다. 가장 북단에는 북문지가 있는데 너비는 6.8m이며, 이로부터 남서변으로 89m 떨어진 지점에 서문지가 있다. 너비는 7.4m이다.

성곽은 지형에 따라 토루를 협축한 곳도 있다. 외사면만 내탁內托하여 안쪽은 넓은 테라스상 광장이나, 회랑도를 설치한 곳도 있다. 남동우각(서옥마을 입구 쪽) 부근에서는 외사면의 길이가 8.6m, 경사각도 -26도로서 토루의 수직 높이는 3.5m가 된다. 남서우각 근처의 남변의 단면은 내외에 협축한 것으로서 외사면의 경사각도는 -25도이고, 길이는 8.4m, 내사면의 경사각도는 -23도이고, 내사면의 길이는 8.9m, 수직 높이는 내외 모두 3.4m로서, 안팎의 지반이 거의 평지였음을 알 수 있다. 또한 내탁하여 성축한 남동우각(서옥마을 입구 쪽)의 외사면 수직 높이와 거의 같다.

유적과 유물

옥여 분구묘는 역리 옥여마을의 맞은편 낮은 구릉지에 조성되어 있다. 총 3기의 분구묘가 확인되었으나 주변으로 더 많은 분구묘가 존재했을 것으로 추정된다.

전주문화유산연구원 자료(2017)에 따르면, 부안 역리 옥여 1호분은 원형분으로 직경 22m, 높이 2.2~4m 정도이다. 흑갈색 점토를 이용해 정지층을 조성한 후 적갈색, 황갈색, 회갈색 점토 등으로 성토가 이루어졌다. 높이가 상당히 남아 있음에도 분구의 중앙에서 매장 주체 시설은 확인되지 않았고, 분구의 가장자리에 옹관묘 2기만 확인되

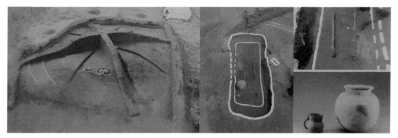

역리 옥여 1호분 광경(좌)과 2호분의 매장시설과 출토 유물(우) (전주문화유산연구원, 2017)《부안군지》, 부안군, 2015, 121쪽)

역리토성에서 채집한 도자기편과 기와편(《부안군지》, 부안군, 2015, 121쪽)

었다. 옹관은 회청색경질의 대호와 창동옹을 결합한 합구식이다.

　내부에서 옥과 광고소호가 확인되었다. 2호분은 직경 10m 정도, 높이 1.2m로 잔존하고 있으며, 평면은 타원형에 가깝다. 주구는 남동쪽이 개방된 형태이다. 분구 중앙에서 남쪽으로 치우친 지점에 토광묘 1기가 매장 시설로 확인되었으며, 부장유물로 파배, 호형토기壺形土器, 대도大刀환두대도, 철정鐵梃, 철모鐵矛, 철부, 구슬류 등이 출토되었다. 3호분의 평면은 원형이며, 직경 18m, 높이 2.8m 정도로 확인되었다. 매장 주체 시설은 확인되지 않았다. 2기의 주구가 안쪽과 바깥쪽에 조성되어 있어 한 차례 확장된 것으로 보고 있다. 성토층에서 철도가 출토되었다. 분구묘의 축조 시기는 5세기 전반에서 중반으로 추정하고 있다.

  역리토성은 하서만을 바라볼 때 석불산이 바닷물을 막고 뒤로 상
소산성이 버티는 그 중간에 있는 곳으로 낮은 구릉에 위치한다. 이곳
에 부안읍에서 변산반도국립공원 방향의 옥토가 펼쳐져서 부안읍 사
람들의 오랜 터전이 되어왔다. 부안읍성과 섬 지역 사이의 옥토에서
나는 곡물을 저장했던 곳이기도 하다.

자료1

공헌용기貢獻用器로서 주목되는 대형옹大形甕은 5세기 중후반에서 6세기 전
반으로 비정되고 있고, 삼국시대를 거쳐 통일신라시대, 고려시대, 조선시대까
지 제사행위가 이어졌던 것으로 보여 삼국시대 이후의 제사 양상을 단계적으
로 살펴볼 수 있는 단서를 제공하고 있다. 또한 무기류, 마구류, 토제·석제모
조품 등은 제사 전용의 물품으로 대가야 지역과 일본 오끼노시마 제사 유적,
고분시대 제사 유적에서도 출토되는 것으로써, 당시 백제와의 우호관계 속에
백제의 서해 항로를 이용하여 중국과의 교섭 시에 항해의 안전을 기원하던
제사의 흔적일 가능성도 추정되고 있다. 현재 유네스코 세계문화유산으로 등
재하기 위한 연구가 추진되고 있다.*

자료2

고분은 옥여리고분이 대표적이다. 이 고분은 부안 역리 옥여마을에서 서쪽으
로 뻗은 해발 15~17m 내외의 저구릉 상에 입지하고 있다. 1호분은 마을에서

---

* 〈부안 해양문화의 세계문화유산 가치〉, 죽막동 세계유산 등재를 위한 국제학술대회,
  부안군 · 전주대학교 산학협력단, 2014.; 심승구, 〈부안 죽막동 해양제사유적의 세계
  유산 가치와 등재 방향〉《한국학논총》제44집, 국민대학교 한국학연구소, 2015.

말무덤으로 불리고, 2호와 3호분은 1호분과 150m 정도 떨어져 있다. 발굴 조사 결과 3기의 고분 모두 평면 원형을 이루는 고분으로 밝혀졌다.

1호분과 3호분은 주 매장시설이 확인되지 않았고, 1호분에서 분구 상에 축조된 옹관묘가 조사되었다. 2호분은 목관묘 1기가 바닥에서 확인되었다. 유물은 옹관으로 이용된 거치문대옹, 경질대옹, 구슬, 환두도, 철도, 철모, 철부, 철정, 광구장경호 등이 출토되었다. 고분의 축조시기를 보고는 5세기 초반 무렵으로 판단하였다*. 이 고분은 부안 지역 마한계고분이 백제계고분으로 변화하는 과도기적 고분으로 5세기 무렵 부안 고대사회의 변동과정을 잘 설명해주는 유적으로 평가된다. (《2020년 부안성곽학술조사》, 2020, 31쪽)

---

* 〈부안 역리 옥여유적〉, 전주문화유산연구원, 2017.

외적을 방어하는
전투 산성

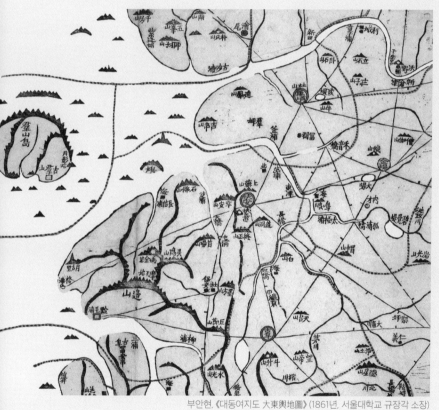

부안현, 《대동여지도 大東輿地圖》(1861년, 서울대학교 규장각 소장)

우금산성 禹金山城

백제 유민 최후의 항전지

삼국~고려시대 | 포곡식 | 상서면 감교리 산99

변산반도의 중심쯤 되는 지점에 자리한 우금산성은 일명 울금산성,
주류성이라고도 한다. 개암사 뒤 산길로 30분쯤 올라가면 우금바위
를 만날 수 있다. 본래 우진암이라 했으나 중국 당나라 무장인 소정방
이 신라 명장 김유신을 만난 곳이라 해서 우금암이 되었다는 설도 전
해진다.

산성의 규모와 구조

우금산성은 우금바위 동쪽 남방으로 통한 수구인 개암저수지에서 묘
암골 상류지점에 남문을 설치하고 양 능선을 따라 동서로 연장된다.
동측은 213고지를 남쪽 모퉁이로 하고 동변은 북쪽 모퉁이 300고지
에서 서쪽으로 꺾어 북서 모퉁이 315고지의 외변을 둘러싸면서 남으
로 내려가다가 서남 모퉁이의 우금바위 북단에 연결된다.

겨울철 우금산성(위), 우금산성 동남쪽에서 바라본 개암골(아래)

남쪽의 길이는 수구에서 동쪽 측선이 536m, 동변은 1,010m, 북변은 830m, 서변은 838m이다. 전체의 평면은 북변이 좁고, 남변이 넓은 사다리꼴을 이루는데 주위는 총길이 3,960m에 이르는 석성石城이다. 석성을 중심으로 성내는 묘암사터, 칠성암터, 풍왕 왕국터가 지금도 뚜렷이 남아 있으며, 성터 주변은 동장대, 북장대, 서장대, 남장대, 천재단 등의 터가 남아 있다.

우금산성은 전라북도 지방기념물 제20호(1974년 지정)로, 우금바위 정상에 서면 드넓은 호남평야와 서해가 시원스럽게 내려다보인다.

전북문화재연구원은 2017년 11월부터 상서면 감교리 산65-3번지 일대 우금산성 발굴조사를 실시하였다. 그 성과로 2018년 1월에 우금산성 동문터와 옛 계단 시설을 발견했고 동문지와 인접한 성벽 구조

우금산성 항공 지형도(KBS 방송 화면). 개암저수지에서 바라본 우금산성과 우금바위(아래)

를 확인했다고 밝혔다. 동문터는 변산 정상과 이어지는 경사면에 있으며, 출입구 위쪽이 개방된 개거식開拒式으로 판단되고, 두 차례 이상 고쳐 쌓은 것으로 추정된다. 1차 동문터 규모는 길이 3.5m, 너비 3.9m이고 수개축한 2차 동문터는 길이 7.1m, 너비 3.3m로 처음보다 너비가 줄었다. 특이한 점은 2차 문터 양쪽 측벽에 나무기둥 홈이 여섯 개가 있고 바닥에는 주춧돌이 놓여 있다는 점이다. 더 이른 시기 문터에서는 보통 땅을 파서 기둥 홈을 마련하는데 우금산성은 목주 홈을 마련했다는 점에서 발전된 양상을 보인다. 또한 계단 시설과 동 성벽도 확인됐다. 계단 시설은 동문터 내부 북쪽에서 길이 4.2m, 너비 6.4m이고, 길게 깬 돌을 이용해 쌓은 것으로 보이고 동 성벽은 바닥면을 잘 고른 뒤 모래흙과 풍화토를 깔고 길게 깬 돌을 가로와 세로 줄 눈이 일정하지 않게 쌓는 허튼층쌓기로 확인된다.

부안 우금산성 남문지의 구멍. 나무기둥을 꽂았던 것으로 짐작된다.(《부안 우금산성》. 유적답사보고 제93책, 전북문화재연구원. 2017.)

우금산성 남쪽 성곽(맨 아래 사진은 《부안군 문화유산 자료집》, 2004, 106쪽)

우금산성 성곽 흔적

　유물로는 많은 양의 어골문(魚骨文, 생선뼈무늬)과 격자문(格子文, 문살무늬)이 새겨진 기와와 '부령扶寧'명 기와, 청자와 분청사기 조각 등이 출토되었다.

　변산 우금바위 일원은 고려시대 문신 이규보가 쓴 기행문《남행월일기南行月日記》와 조선 후기 문인이자 화가인 강세황(姜世晃, 1713~1791년)이 남긴《유우금암기遊禹金巖記》에 기록됐을 정도로 오래도록 사랑받은 자연유산임을 알 수 있다. 또한 최근(2021년) 호남의 3대 명승지(부안 우금바위 일원, 전남 고흥 지죽도 금강죽봉, 전북 완주 위봉폭포 일원)가 국가지정문화재로 발표되면서, 이곳 우금바위 일원은 역사와 문화적 가치가 많은 곳으로 알려지게 되었다.

백제부흥군과 나당연합군의 격전지

백제 의자왕 20년(660년)에 백제가 나당연합군에 항복하자 복신 장군 등은 일본에 있던 왕자 풍豊을 맞아 왕으로 추대하고, 백성들을 모아 의병을 일으켰다. 우금산성은 복신 장군이 나당연합군의 김유신과 소정방에 맞서 치열하게 싸우다가 패배한 곳이며, 백제 최후의 항거 거점이었다. 개암사 대웅전을 감고 도는 듯한 우금산성은 백제 문화를 찾는 역사기행의 필수 코스로 알려져 있다.

일본의 가장 오래된 역사책인 《일본서기》의 기록에 백제 주류성은 토지에 자갈이 많아 척박하고 농사 짓기에 불리해서 항전을 오래 지속하기 어려운 곳이라고 나온다. 그래서인지 풍왕은 즉위한 이후 주류성에서 피성으로 천도한다. 여기서의 피성은 지금의 전라북도 김제 지역으로 보는 게 통설이다. 피성이 주류성 가까운 곳으로 설정되어 있어서, 결국 주류성은 부안의 위금암산성位金巖山城이 가장 유력하다고 학자들의 의견이 모아진다. 《삼국사기》 잡지 〈지리지〉에 고부군古阜郡은 원래 백제의 고묘부리군古眇夫里郡이었던 것을 경덕왕이 개칭했다고 하고, 부리夫里는 성읍城邑을 뜻하는 백제어로, 즉 부안의 남쪽에 위치하는 지금의 고부古阜를 가르킨다고 한다.*

주류성은 왜의 지원을 받을 수 있는 백강과 근거리이면서 백강의 서쪽에 있어야 하는데 이러한 특성을 부안군 상서면 감교리에서 찾을 수 있다. 기록에서 말하는 백강을 동진강으로 비정한다면 삼면이 산으로 둘러싸인 부안의 변산반도 지역인 상서면이 적합하다.

---

* 일본 사학자 이케우치 히로시(만선지리역사보고서14, 118~119쪽)의 주장을 인용하고 있다.

개암사는 주류성인가

우선《국역 부풍승람》에 나오는 개암사에 대한 소개글을 읽어보자.

군에서 서쪽으로 20리의 우진암 아래에 있다. 지금으로부터 1,300여 년
전에 건립되었다. 그 뒤에 두 차례 수축되었다. 절집은 넓고 크다. 대웅전
안의 아미천수관음 대좌상과 전각 안의 조각은 참으로 장대하고 아름다
웠으니, 고대 미술을 수집한 것이다. 절의 근처에는 월정리가 있는데, 천
혜의 약수이다.*

필자는 이 개암사가 주류성이라는 주장을 한다. 주류성에 대한 여
러 논쟁이 있지만, 필자는 부안에 대한 기록을 토대로 부안설을 주장
하고 싶다. 전영래 교수는 부안의 동진강을 백강으로, 부안군 상서면
개암사를 주류성으로 그 위치를 비정한 연구를 해왔다. 그는 이 고장
출신의 원로이자 사학자로 부안군의 역사를 밝히는 데 중요한 사료들
을 발굴하고 연구를 했다.

우금산성과 주류성에 대한 여러 교수들의 참고문헌은 '신구당서,
삼국사기, 백제본기, 김유신전, 일본서기' 등 고사기에 의한 지명과 그
것에 근거를 둔 군사학적 논문을 다음과 같이 기술하였다.

우선 백강구 해전海戰을 살펴본다. 문무왕 3년(663년) 제2차 나당연
합군이 백제를 도우려는 일본의 전선 5백 척과 수군 만여 명의 구원
병을 맞아 최후의 혈전을 벌였다. 사료를 종합해 볼 때 7월 17일 웅진

* 在郡西二十里禹陳巖下, 距今一千三百餘年前, 建立, 其後二回修築, 寺宇宏大, 大雄殿
內阿彌千手觀音大座像, 殿內彫刻, 實爲壯麗, 粹集古代美術. 寺近處有月汀, 天惠樂
泉.(《국역 부풍승람》, 부안교육문화회관, 2021, 212쪽)

현재(2021년) 개암사와 우금바위

의 당나라 장수 손인사孫仁師와 신라군이 주류성 앞에 도착한 것이 8
월 13일이고 유인궤가 이끄는 수군이 백강구에 도착한 것이 8월 17일
이다. 이들의 일정을 볼 때 한산 지방에 비정한다면 모순이다.

　당군이 웅진에서 백강구 금강 하류까지 2~3일이면 오는데 26일
이 걸렸다면 너무나 긴 시간이고 일본 수군도 1개월간 진을 치고 있
을 리 만무하다. 663년 8월 28일 백강촌 일대 접전이 벌어져 일본군
이 대패하였는데《일본서기》에는 '불관기상不觀氣象 토오부득회선討
娛不得廻旋'이란 말이 나온다. 이는 동진강 지역의 조수간만의 차를 모
르고 그만 갯벌에 못이 박히듯 오도 가도 못하여 나당연합군의 화공
법에 참패하였다는 뜻이다. 이 점에서 볼 때 한산으로 접근하는 금강
하구는 수심이 깊어 시일이 그리 걸리지 않았을 것이니, 금강 하구 해
전은 걸맞지가 않다. 부안 동진강은 수심이 깊고, 하서만을 타고 상서
감교리 앞까지 배들의 출입이 가능하다.《삼국사기》의〈문무왕 대왕
보서〉에 '남방기정南方己定 회군북벌回軍北伐'이란 문구로 볼 때 주류
성은 금강 이남에 있음을 말해준다.

주류성은 백강구 해전이 끝난 지 9일 만인 서기 663년 9월 7일에 완전 함락당한다. 백제의 풍왕과 일본군은 한때 근거지를 식량이 풍부한 중방성인 피성(벽골-김제)으로 옮겼는데, 신라가 주류성을 치기 위해서 거열(거창), 거물(남원), 사평(순천) 등 큰 성을 함락하고 덕안성(은진) 일대까지 무너뜨리고 주류성을 공략하였다. 《일본서기》에는 주류성과 피성(김제)과는 근거리라는 지리적 특성으로 주류성은 "산이 험하고 토지가 척박하여 농사를 지을 수 없고 성을 지키기에 적합하고 외부 공격이 어렵다"라고 했다. 또 다른 기록에 따르면 "복신이 왕자 부여풍을 모해하려고 굴실窟室에 숨었다가 잡혀 죽음을 당했다"라고 했다. 실제 부안 우금산성에 위치하고 있는 우금바위 남동변의 하단부에 실제 폭 23m가량의 인위적으로 파낸 굴실이 있는데, 마을 주민들은 '큰굴' 또는 '복신굴'이라고 부르고 있다.

개암사 묘암골(또는 개암골)에는 백제 승려 도침導琛의 스승인 묘련대사라는 큰 스님이 살고 있었다. 그러다 백제가 망하게 되니, 묘련대사가 일본(倭)에 가 있던 의자왕의 아들 '풍장豊璋'을 맞아들여 32대 왕으로 옹립하고 나당연합군에 맞서 3년간 항전하다가 패하고 만다. 그러자 풍장은 내변산 어수대(상서면 청림마을)에서 손을 씻고 위도 왕등도를 지나 고구려 땅 해주로 망명했다고 전한다. 이에 개암사 입구(감교리 봉은마을)에 김유신 장군의 사당이 들어서게 되는데 이곳에서 나당연합군 승전의 주역인 김유신 장군을 '흥무왕'으로 모셔 해마다 제사를 지내고 있다.

전북 부안군 개암사 뒷산 우금산성이 주류성설로 가장 개연성이 높아 그에 따른 고증을 얼마나 근접하게 증거 제시하느냐에 따라 백

제 최후의 결전장 주류성이 확정될 것으로 본다. 1924년 일본의 동양
사학자인 소전성오小田省吾와 금서룡今西龍, 그리고 조선총독부가 우
금산성 주류성설을 주장하였으며, 1934년 안재홍安在鴻이《조선상고
사감朝鮮上古史鑑》〈백제사 총고總考〉에서 주장한 바 있다.

묘암사터와 유적들

개암사는 백제 무왕 35년(634년)에 묘련대사가 궁전에 절을 지으며 동
쪽의 궁전을 묘암사, 서쪽의 궁전을 개암사라 하여 유래된 이름이라
고 한다. 묘련대사가 기거했던 묘암사妙岩寺터에는 지금도 큼지막한
주춧돌이 드러나 있다. 이곳이 바로 주류성으로 이야기된다. 개암사
로 들어오는 유일한 육지 통로인 유정자라는 산맥은 변산과 이어져
있어서 군사적으로도 더할 나위 없는 요새지이다. 그 빼어난 경관은
마한왕의 별궁이 되었고, 난세에는 피난처로도 손색이 없었다.

우금바위를 향하여 30여 분 오르다보면 큰 굴을 만난다. 이 동굴이
'복신굴'이다. 복신굴의 너비는 23m, 높이 12m, 길이 29m로 병사가
300여 명이 운집할 수 있는 곳이며, 옆에는 작은 동굴이 2개가 더 있
다. 작은 동굴도 10여 명 이상이 들어가 비를 피할 수 있는 동굴로 백
제 중흥 시 많은 병사들의 쉼터이었다고 한다. 삼국전쟁 때 복신福信
이란 장군이 백제 유민을 규합하여 나당연합군과 광복을 꿈꾸며 항거
했던 동굴이라서 복신굴福信屈로 부르게 되었다고 한다.

또한 복신굴 앞 공터는 원효대사가 이곳에 암자를 짓고 수도한 곳
으로, 지금도 암자 때 사용했던 섬돌과 주춧돌이 많이 남아 있다. 암
자의 규모는 가로 10m, 세로 4.2m인 작고 협소한 암자로 추정하고

우금산성 복신굴

우금산성 내 묘암사 발굴 광경(《부안군 문화유산 자료집》, 부안군, 2004, 105쪽)

있으며, 부근에는 깨어져 흩어진 기와와 자기파편이 그 흔적을 말해 주고 있다. 후세 사람들이 이 터를 '원효방'이라고 불렀는데, 원효방이 무너지고 그 자리에 다시 세운 암자를 '옥천암玉泉庵'이라고 했다. 원효방의 근거로는《동국여지승람》제34권〈불우佛宇〉조에 "원효방元曉房은 신라의 중 '원효'가 거처한 곳으로 방장은 지금까지 남아 있다" 라고 기록되어 있다.

우금바위 남쪽 절벽 밑으로 100m 거리(우금바위 적벽)에 한 사람이 겨우 기거할 만한 암굴이 하나 있는데, 이 굴에서 원효대사가 수도를 닦았다 하여 '원효굴'이라고 부르지만 역사적인 기록은 찾아보기 힘 들다. 우금바위 뒤편 북쪽에 길이 9m, 높이 2m 정도의 협소한 굴이 또 하나 있다. 이를 유굴遊窟이라고도 하고, 속전하기를 삼국전쟁 때

군복을 짰다하여 '베틀굴'로도 불렸다.

개암사 우금바위 정상 남서쪽 방향 능선을 따라 가면 내변산으로 가는 '학치재'를 만난다. 북서쪽으로 보면 남선동과 석재와우가 한눈에 보인다. 또 어수대가 있는데, 이곳에서 풍왕이 패전하여 어수御手를 씻고 위도 왕등도를 거쳐 황해도 해주를 통해 고구려로 망명을 했다고 한다. 부안이 낳은 조선의 3대 여류시인 중 한 명인 이매창(李梅窓, 1573-1610년)은 이 어수대를 노래한 시를 지었다.

王在千年寺 - 왕이 있었던 천년 옛 절터에
空餘御水臺 - 쓸쓸히 어수대만 남았구나
往事憑誰問 - 지난 일을 누구에게 물어 보랴
臨風喚鶴來 - 바람결에 학이나 불러 볼거나

이매창은 부안현리 이탕종의 딸로써 매창의 모가 기생으로 추정된다. 매창 또한 관기로써 시와 가무에 뛰어나 한양에까지 알려져 내로라하는 선비들이 매창을 만나려고 몰려들었다고 한다. 매창이 38세로 요절한 후에도 그의 시가 하도 유명해 개암사 스님들이 목판본으로 새겨 전해오던 중 목판본에 새긴 탁본을 해 달라는 선비들의 성화에 못 이겨 애석히도 불을 놓아버렸다고 한다. 다행인 것은 매창의 시 57수를 뜬 탁본 원본이 미국 하버드대 엔칭박물관에 소장되어 있다.

우금바위
우금암에 대하여《동국여지승람》제34권〈산천〉조에는 우금암의 다른 이름인 우진암禹陳巖에 대한 기록이 남아 있다.

　　우진암은 변산 꼭대기에 있다. 바위가 몸은 둥글면서 높고, 크고 바라보면 눈빛이다. 바위 밑에 3개의 굴이 있는데 굴마다 중이 살고 있으며, 바위 위에는 평탄하여 올라가 바라볼 수 있다.[*]

　　우금바위 아래로 해발 300m 이내의 능선을 따라 가면 우금산성을 구경할 수 있다. 1.8km를 30분 정도 걸으면 도착할 수 있다.

　　우금바위는 2개의 암봉으로 30~40m로 형성되어 있다. 정상에 오르면 '베틀굴'에서 급경사로 5분여 정도 올라서 왼편으로 암봉을 보면 등산객을 위하여 정상에서 밧줄을 매어 놓았다. 이 암석으로 된 봉우리는 급경사이며 석질이 단단하지 않고 모래알처럼 흘러내리는 바위라서 등산객들의 안전을 위하여 밧줄이 있지만 고소공포증이 있거나 노약자, 어린이는 절대로 도전해서는 안 되는 곳이기도 하다.

　　남아의 기개를 자랑이라도 하듯 높이 솟아있는 우금바위 정상 위에는 바위틈 사이에서 만고풍상을 겪으며 살아온 나이를 알 수 없는 분재 같은 소나무가 일품이다. 이 바위의 위용은 호남평야 어느 곳에서나 볼 수 있는 변산의 상징이다.

　　우금산성에서 내려다보는면 부안의 여러 산성들을 볼 수 있다. 바로 옆의 도롱이산성(사산리산성), 두량이성, 부곡리토성, 소산리산성은 물론이고 멀리 고부와 태인의 고사비성까지도 볼 수 있는 곳이기에 전투 산성으로 중요한 위치에 있다고 할 수 있다.

---

[*]　禹陳庵 在邊山頂 巖體圓面高大望之雪色 巖下有三 名有居僧 巖上平担可以登望.

우금산성 서쪽에서 우금바위를
바라본 모습

　우금산성에서 내려다보는 풍경은 서쪽으로 헤아릴 수 없는 변산
군봉은 그만두고라도 북으로 고군산 군도의 점점이 찍힌 섬들과 동쪽
으로 광활한 평야가 끝없이 펼쳐져 있고, 지평선 끝에 노령산맥의 연
봉들이 아른거리고 있어 가히 비경 중에 비경이라 할 수 있다. 우금바
위의 복신굴, 묘암골을 한 바퀴 두르고 있는 한 많은 석성石城이 오랜
역사와 더불어 남았으니 이 성을 일러 '우금산성' 또는 '주류산성'이라
고 한다.

　우금바위에 대한 속전俗傳을 들어보면, 삼국시대 '우금양禹金兩 장
군'이 성을 쌓아 군사를 둔 곳이라 한다. 또한 〈개암사지開嚴寺誌〉에
보면 삼한시대의 마한 효왕孝王 28년(기원전 282년)에 변한卞韓의 문
왕文王이 진한辰韓과 마한의 난을 피해 이곳에 와서 도성都城을 쌓았
다고 한다. 이때는 문왕이 우禹와 진陳 두 장수를 보내어 이 일을 감
독하게 하고 좌우 계곡에 왕국을 짓고 동쪽에 묘암妙巖, 서쪽에는 개
암開巖이라 불렀다 한다. 지금의 개암사는 그때의 개암동에 자리했
던 왕국터로 볼 수 있다. 안타깝게도 묘암사는 이미 소실되어 지금
은 초석만 남았다.

백산성지 白山城址

백제 부여의 함락과 동학군 기포지

삼국시대 | 테뫼식 | 백산면 용계리 산8의1 외

백산면 용계리의 백산에는 부안읍으로 들어가는 도로에서 고부로 갈라지는 삼거리 양편에 성처럼 동진강을 굽어보며, 낮은 땅에 홀로 선 산성이 있다. 바로 백산성이다.

백제 멸망 후 왕자 '풍'이 부흥군과 함께 일본 수군을 맞이했던 백촌이 이곳 백산으로 전한다. 백산성은 고려 말 왜구의 침략에 맞섰던 곳이었고, 갑오동학혁명 당시에는 동학군의 기포지로서 동학농민군이 집결하여 전열을 재정비하고 혁명의 불길을 당겼던 곳으로 우리 역사에서 중요한 의미를 담고 있다.

백산을 둘러쌓은 백산성은 삼국시대의 토성으로 축조 시기는 약 660~553년 사이라고 알려져 있다. 이곳은 원래 고부 백산이었는데 일제강점기에 부안 백산이 되었다. 1976년 4월 2일 전라북도 기념물 제31호로 지정되었고, 현지 조사와 심의를 거쳐 국가문화재 사적 제

회포마을 앞에서 바라본 백산성지(산성)

409호로 지정되었다. 현재 석산 개발로 일부분은 사라졌다.

산성의 위치와 규모

백산성은 백산면 용계리에 위치한다. 정읍천 줄기인 동진강 하류의
서쪽 기슭에 독립된 산봉과 남방으로 뻗은 대지를 감은 겹성郊城으
로 된 높이 47.4m의 토성이다. 동진강이 바로 동쪽 산 아래를 북류하
고 있는데, 지금은 직강공사로 제방이 설치되어 있으나 아직도 남아
있는 구하천도가 심하게 사곡되어 있다. 동쪽으로 300m 지점 백산면
백룡초등학교 옆을 통과하여 그 상류 구하도대안上流舊河道對岸에 '고
잔古棧'이란 이름이 보인다. 동진강과 고부천의 합류 지점까지는 약 6
km, 동진반도 북안의 문포門浦까지는 약 12km 떨어져 있다. 동진강구
는 본류와 고부천 외에도 서류하는 원평천院坪川 등이 하구 폭과 수
심을 유지했을 것이다. 이 백산성 동쪽에 위치한 강안은 절호의 파지
장波止場으로서 고대로부터 해상 왕래의 근거지가 되고, 남으로 연장

백산성 항공사진

되는 작은 고지는 고대의 지방 중심지인 고부高阜로 연결되고 있다.

　백산성의 상성은 산상을 평탄하게 다듬은 산상대지로서 장축 방향 동남 135도 방향의 누에고치형으로 최대 폭 25m, 길이 80m, 둘레는 181.5m이다. 높이 약 3m의 토단을 내려서서 테머리식으로 감았는데 장축의 길이는 120m, 최대 폭 60m이다. 성곽은 토단을 쌓고 너비 8~12m의 회랑도를 두르고 있다. 토단의 높이는 역시 3m 전후이다. 이 아래 다시 테머리식으로 두른 중성은 대략 같은 장축 방향으로서 둘레는 506m에 이른다. 남쪽 구릉을 감은 토성에 이어지는 남변은 토단이 애매하다.

　테머리식 산성의 서남 215도 방향으로 뻗은 약 10m 높이의 세장한 구릉지대까지를 포괄하는 외성은, 둘레 1,064m에 이르며 평면의 장축 길이는 358m, 최대 폭은 230m이다. 이 외성은 테머리식 중성의 근부로부터 약 320m 뻗어 있으며 폭은 70m 내외이다. 개간, 분묘 설치 등으로 원형이 손상되고 흔적이 애매하나 토단은 잘 남아 있다. 토단의 높이는 3~4m에 이른다.

1965년도 지표 채집된 유물로는 적갈색 무문토기편, 쇠뿔형 손잡이 등이 있고, 백제시대 경질토기 중에는 승석문 사격자문동이 찍힌 단지편, 배형杯形토기편 등이 있다. 성내의 출토품이나 성곽의 구조로 보아서 역시 반곡리나 용정동의 방책토성지와 같은 유형에 속한다. 토성 곧, 외성 내는 거의 개간되었으나, 근래에 민묘 설치를 제외하고는 원형을 잘 간직하고 있다.

백산과 백제 부흥 전쟁

삼국시대 당시에 백산은 바로 해안가에 있었다. 백산 바로 옆으로는 동진강이 흘러 바로 밑에까지 조수가 드나들었다. 따라서 백산은 동진강을 거슬러 내륙으로 들어가는 관문을 지키는 군사적 요새였다. 소정방이 1,900여 척의 병선을 이끌고 쳐들어와 뭍으로 오른 곳 중의 한 곳이 바로 이 백산이다.

백산성은 백제 말 흥복군의 풍장왕豊璋王이 일본의 구원군을 맞이하기 위해서 주류성으로부터 내려왔다는 기록이 있다.《일본서기》의 천지기天智紀 2년(663년) 8월조에 다음과 같이 보인다. "백제왕은 적의 계략을 눈치 채고 여러 장군에게 말하기를, '지금 듣자하니 일본국의 구원 장군 이호하라노기미(盧原君臣)가 건아 만여 명을 거느리고 바다를 건너 도착할 것이다. 바라건대 장군들은 이에 대비하라. 나는 스스로 나아가서 백촌白村에서 이를 맞으리라'라고 하였다." 여기서의 백촌이 백제시대의 흔량매현, 지금의 백산성에 해당한다. 흔량매欣良買는(흔, 내, 말)을 표기한 것으로《일본서기》의 백촌강과 대응된다.

이는 재차 나당연합군이 웅진을 나서서 수륙 양면으로 백강에 도착하기 직전의 일이다. 나당연합군이 백제를 멸망시킬 때에 백제의 충신인 좌평 성충, 흥수 등은 의자왕에게 간하다가 왕의 노여움을 사서 옥에 갇히고 말았다. 성충, 흥수 등은 옥중에서 백제의 운명이 경각에 달려있음을 직감하고 말하기를 "만약에 적의 침공이 있을 때에는 육로로는 암현을 넘지 못하게 방어하고, 수군은 기벌포지안伎伐浦之岸에 들어서지 못하도록 하라"는 최후의 증언을 남겼다고 한다. 여기서 기벌포란 바로 백강인데, 곧 동진강의 하류를 가리킨다.

그러나 백제의 의자왕은 이 충신의 말을 받아들이지 아니하고 다른 전략을 썼다. 결국에 나당연합군의 육군은 탄현으로 넘어왔고, 수군은 백강으로 상륙하여 백제는 멸망에 이른다.

부여가 함락된 뒤 백제는 4년 동안 항전했는데 문무왕 3년 백제 유민들이 일본에 가있던 왕자 '풍'을 맞아 왕으로 옹립하고 최후의 항쟁을 시도하였다.《일본서기》의 '천지기'에 일본 수군 4백 척이 백강에 들어오자 '풍'이 백촌에 가서 일본 수군을 맞았다는 기록이 있다. 이 백촌이 바로 흔양매, 곧 백산이다.

동진강은 문헌비고에 "식장포息漳浦"로 보이는데, '식장息漳'은 '쉰·ㄴ르', '동진東津'도 '시·ㄴ르'로서 같은 뜻의 다른 쓰임이 된다.*

---

* 전영래,《전북 고대산성조사보고서》, 전라북도 한서고대학연구소, 2003, 546쪽.

위의 내용 중 희안현, 흔량매현은 보안면, 줄포 등을 말한 것으로 백강은 동진강과 하서만을 거쳐 매복재산으로 이어지는 곳이다.

우금산성을 주류성으로 비정하는 데는 여러 가지 근거가 있다. 그 중 하나가 수많은 방어성들의 존재다. 우금산성은 장기 옹성으로서 가치가 크다. 물론 고려나 조선에도 왜의 침입을 막기 위해 내륙 깊숙이 장기 옹성을 쌓았다. 하지만 부안 변산반도에 있는 우금산성을 이 같은 목적으로 축조한 사실은 없다. 만약 조선조에서 전주도호부가 와해된다면 이 지역의 장기 옹성은 변산반도의 우금산성이 아닌 완주군 소양면의 위봉산성이 될 것이다. 따라서 장기 근거지로서 우금산성이 어느 시절 중시되었을까? 아무래도 나당연합군에 의해 사비도성이 함락되고 남부여 부흥 전쟁이 전개되던 시절이 아니었을까라고 생각하는 것이 합리적일 것이다.

우금산성이 남부여 부흥 전쟁 시절 도성이었다면, 이곳으로 들어가는 교통로를 볼 때 도성으로서 입지를 그려볼 수 있다. 먼저 수로(해로)를 보면 적어도 왜와의 교통은 용이했음을 짐작할 수 있다. 지금은 새만금방조제 축조로 만경강과 동진강이 서해와 만나는 어귀가 곧 육지로 변모될 예정이지만, 계화도 간척사업 이전까지만 해도 지금의 부안군 상서면 고잔리 목포마을이 포구였다. 목포와 우금산성의 직선 거리는 대략 3.5km 정도로 매우 가깝다. 따라서 남부여 부흥 전쟁 시절 목포는 남부여 최대의 항구로서 기능했을 것이다. 그런데 목포는 서해상에 있었고, 고대의 내륙 하천이 지금보다 유량이 풍부했음을 감안하면 아마도 지금의 부안군 주산면 사산리 사산저수지까지도 접근이 가능했을 것이다. 우금산성의 계곡 동남쪽 끝자락에 사산저수지가 있어 수로 면에서 우금산성은 더할 나위 없는 입지로 보인다.

육로 면에서는 우금산성 근역이 반도 중부권을 동서로 가로지르는 동서루트의 서해 최종 기착지라는 점이다.

즉 우금산성 근역이 옛 대가야 낙동강 항구였던 고령군 개진면 개포에서, 서해 항구였던 부안군 변산면 격포로 이어지는 대가야 동서루트의 서극이라는 사실이다. 또한 남부여 5방성 중 하나인 중방성인 고사부리성으로 추정되는 은선리토성과 고사부리성의 장기 농성인 금사동산성과 지근거리(동진강 지류인 고부천 건너편)에 있어 남부여 부흥 전쟁의 토대를 구축하였다는 점에서 우금산성을 주류성으로 볼 소지는 다분하다. 초기 남부여 부흥운동을 주도한 곳이 흑치상지가 주도한 금강 이북의 임존성이라면, 흑치상지가 항복한 후 주된 남부여 부흥운동의 중심지는 금강 이남으로 비정하는 것이 합리적으로 보인다. 특히 왜의 군사 원조를 감안한다면 수로가 유리한 우금산성이 주류성으로서 남부여 최후의 항전지로 보는 것이 무리가 없어 보인다.

부안의 관문, 동진나루터
지금 동진대교가 놓여진 동진강 하구에 있었던 옛 나루터는 먼 옛날부터 부안고을의 시작이요 이곳을 드나드는 첫 대문이었다.

부안 사람들이 전주나 서울 등지로 나들이할 때도 이 동진나루를 건너 죽산竹山을 지나 내재역內才驛을 거쳐 김제, 금구 또는 이서를 지나 전주로 가곤 했다. 또 울렝이鳴良里의 해창을 지나 만경의 사창나루를 건너 임피臨陂의 소안역蘇安驛으로 하여 충청도 논산 땅을 지나서 서울 나들이를 하였다.

마찬가지로 외지의 사람들이 부안을 찾을 때에도 부안을 중심으로 동북지방 사람들의 대부분은 동진나룻배를 타야 들어올 수 있었으니, 동진나루는 부안의 대문이었고 교통의 요지였다. 나루터 안으로 들어서는 순간 부안고을의 순후한 정감과 아름다운 문화를 접할 수 있었다.

지금 시대의 교통로는 매우 발달되어 있다. 도로는 시원하게 아스팔트가 깔렸고, 강나루에는 다리를 놓았으며, 산길 험한 고갯마루는 깎거나 터널을 뚫는 등으로 하여 고개를 넘는 어려움도 거의 사라졌다. 나루터도 관광지 외에는 없어져서 나루터에 관련된 이야기도 이제는 옛이야기가 되어 버렸다.

옛날 부안을 드나들었던 나루터로는 동진나루 말고도 삼개나루, 군개나루, 상터나루가 있다. 삼개나루는 동진나루에서 백산 쪽으로 중간에 있었고, 교통이 그리 빈번하지 않은 작은 나루였다. 군개나루는 백산에서 태인 방면으로 드나드는 나루였다. 동학농민군이 군개나루를 사이에 두고 관군과 일전을 벌여 승리한 곳이다. 이 싸움을 구경하러 갔다가 대포소리에 놀라 혼비백산하여 논두렁 밑에 엎어져 있다가 돌아왔다는 고로古老들의 이야기가 전해진다. 상터나루는 정읍 영원면과 부안 백산면, 주산면 접경 고부천의 나루로 고부나 정읍 방면으

1980년대의 동진대교

로 출입하는 나루였다.

동진나루가 언제부터 형성되었는지는 알 수 없다. 먼 옛날 사람들이 부안고을에 삶의 뿌리를 내리고 문화가 형성되면서 필요에 따라 외지로 드나들기 시작하면서부터 뗏배나 나룻배로 강을 건넜을 것이다. 또, 부족사회에서 벗어나 중앙집권적 정부형태가 시작되었던 백제 때부터는 교통의 양이 크게 증폭하면서 나루터의 교통이 활발하게 형성되었을 것으로 짐작할 뿐이다.*

기록에 의하면 고려시대에 이미 동진나루에 다리가 놓였던 것으로 나타난다. 조선조 중종中宗 때에 완성된 관찬의 인문지리서인《신증동국여지승람》제34권, 부안현의 교량橋梁 조에 보면 동진교에 대하여 다음과 같이 쓰고 있다.

동진교東津橋 : 동진의 위쪽에 있다. 신우 초년에 왜선 50여 척이, 웅연(지금의 곰소)에 침입하여 적현狄峴(지금의 호벌치재)을 넘어서 부령현을 노략질하고 동진교를 헐어서 우리 군사들로 하여금 더 나아가지 못하도록 하였다. 상원수上元帥 나세羅世가 변안렬과 더불어 밤에 다리를 구축하고 군사를 나누어 적을 공격하여 마침내 크게 승리하였다.**

여기에서 신우 초는 고려 우왕禑王 5년(1379년)을 말한다. 이 기록으로 보아 고려 때에 이미 동진나루에는 다리가 놓여 있었음을 알 수

---

* 김형주 지음,《김형주의 부안이야기 1편, 2편》, 도서출판, 2008.
** 東津橋: 吊津上 辛禑初 倭船五十餘隻 來海熊淵 踰狄峴 寇扶寧縣 毁東津橋 使我兵不得進 上元帥羅世 與邊安烈等 夜築橋 分兵擊滅 遂大波之.

있다.

나세羅世 장군의 지휘 하에 밤에 다리를 구축하고 건너 야습을 감행하여 왜구들을 공격하니 왜구들이 대패하여 행안산幸安山으로 도망하므로 이를 포위하여 섬멸하였다는 기록이《고려사》제27권, 열전列傳, 나세羅世 조에 자세히 기록되어 있다. 특히 이 무렵 우리나라에는 해적 떼거리 왜구들의 노략질이 극심했으며, 부안에서도 위도를 비롯하여 해안 마을들은 왜구의 잦은 침범으로 편한 잠을 잘 수 없었으니 동진나루터도 일찍부터 그 수난의 한 역사를 겪었다.

백산과 동학혁명

백산성에 오르면 옛날 군현으로 김제, 만경, 금구, 태인, 정읍, 흥덕, 부안, 고부 등 8개 고을을 고스란히 바라볼 수 있었다. 이런 백산에 대한 묘사는 송기숙의 장편소설《녹두장군》에 나온다.

> 아, 이 낮은 백산이 이렇게 높은 줄을 누가 미처 알았으랴. 사방이 눈앞에 환하기가 지리산보다 환하고 태백산보다 더 환하구나. 그 까닭이야 너무도 명백하니 이 산이 홀로 들판 가운데 있기 때문이로다. *

정읍천과 동진강이 합강하는 정읍시 이평면에는 만석보가 있었다. 이 지역은 예로부터 들판이 넓어 쌀 산출량이 높았다. 그러나 평야지대인 관계로 큰 산이 없어 농사 지을 물은 상대적으로 부족한 편이었다. 그래서 고대부터 김제에 벽골제가 있었는데, 만석보는 이름 그대

* 송기숙,《녹두장군》, 시대의창, 2008, 68쪽.

백산성에서 바라본 고부천과 평야

　로 쌀 만석을 산출할 정도로 관개가 풍부한 보라고 할 수 있다.

　조선 말 고을 군수는 실력보다는 주로 매관매직으로 임명되었다.
그 중에서 고부 군수 자리는 곡창지대여서 비싼 편이었다. 역시 많은
돈을 주고 고부 군수 자리를 산 조병갑은 본전을 뽑기 위해 만석보에
가혹한 세금을 매긴다. 이에 1894년 2월 동학의 고부접주인 전봉준은
고부관아를 습격하여 부당 징수한 수세미를 농민들에게 돌려주고 해
산했다. 이에 조정에서는 고부농민봉기의 주모자 및 가담자를 탄압하
였다. 이에 같은 해 4월 김기범, 손화중 등과 함께 무장현에서 창의문
을 발표하고 이곳 백산성에 모이면서 동학농민전쟁의 서막이 열리게
된다. 동학농민군은 제각기 대나무를 깎아 만든 죽창을 무기로 들었
다. 얼마나 많은 농민군이 모였던지 농민군이 앉으면 죽창이 대나무
산, 즉 죽산을 이루었고, 서면 농민군의 흰옷만 보여 백산이 되었다고
한다. '앉으면 죽산 서면 백산'이란 말도 여기서 생겨났다.

　이렇듯 백산성은 1894년 갑오 동학 전쟁 당시 동학군이 처음 혁명
의 기치를 들었던 이른바 '백산기포白山起包'의 유적으로 유명하다. 성

곽의 동서 양면에는 채석장의 화강암 채취로 보호구역 이상으로 파괴되었다. 성내에는 '동학혁명 기념탑'이 건립되어 있다.

자료1

고부천 : 백산면 요계리 뒤 백산 꼭대기에 있다. 백계 최병림은 일찍이 공명을 사양하고 늦게 산수간에 살면서 즐거워하였다. 그로 인해 여기에 정자를 세웠다. 이와 관련된 시는 이러하다. "호남의 경치 좋은 곳에 이 정자가 이루어지니, 그 형태가 육각이고 이름이 삼락이라네. 백석산 깊이 옛 자취를 숨기고, 넓디넓은 창랑의 물은 이에 맑다오. 백 년 동안 풍월은 한가로운 세상인데, 창랑의 물은 이에 맑다오. 백 년 동안 풍월은 한가로운 세상인데, 천 리에 안개는 속세 밖의 정이로구나. 마음속의 아양인* 적게 모였는데, 창백한 얼굴에 향기로운 술로 석양이 비끼네." (《국역 부풍승람》, 부안교육문화회관, 2021, 210쪽)

자료2

고부천은 군에서 동남쪽으로 10리의 백산면에 있다. 면 안으로 흘러내려가며, 거리는 1리 12정이다.

팔왕갑문은 곧 고부천에 걸어놓은 수문이다. 규모가 광대하며, 완전하게 축조되었다. 본도 내의 공작물 중에서 제일이다. (《국역 부풍승람》, 부안교육문화회관, 2021, 47쪽)

---

* 아양인은 지기지우知己之友를 말한다. 《열자列子》 탕문湯問에 "백아는 거문고를 잘 탔고, 종자기는 소리를 잘 들었다. 백아가 금을 타면서 뜻이 높은 산에 있으면 종자기가 말하기를 '좋구나, 아아峨峨하다. 산이로다' 하고, 또 한 곡조를 듣고 나서는 '양양洋洋하다. 흐르는 물이로다' 하였다"고 한 데서 연유했다.

부곡리토성 富谷里土城

고부천의 최후 지킴이

통일신라시대 | 삼태기식 | 보안면 부곡리 성산마을(성산城山 또는 성매산)

부곡리토성은 보안면 부곡리 성산(성매)마을 뒷산에 위치하며 고부
천을 바로 아래에 두고 정읍군과 경계 지역에 있다. 정읍 고부산과 태
인의 고사비성으로 연결되며, 뒤로는 소산리산성이 1㎞ 이내에 있다.
통일신라 시기의 고을터로 동진면과 줄포만의 중간인 이곳 부곡리토
성을 지목하는데, 산성 구조의 상이성으로 파악될 수 있다. 부곡리토
성은 태인 허씨의 집성촌 지역으로 현재도 거주하는 주민들이 많고
재실 등은 태인 허씨들의 개인 재산이다. 서해안고속도로 건설로 토
성 일부가 잘려 나갔지만, 부곡리토성의 토성 유물이 발견된 곳이기
도 하다. 부곡리토성은 고부천을 이용하여 외적이 많이 들어오고 소
산리산성을 건너 사산리산성, 우금산성까지 내륙으로 들어갈 수 있는
곳이기에 많은 전투가 벌어졌던 곳이다. 부곡리토성에서 동쪽으로 고
부천을 거쳐 고부 두승산과 태인 고사비성이 바로 보이며, 가까운 곳

성산마을 입구에서 바라본 부곡리토성(위), 부곡리토성의 겨울(중간), 서해안고속도로에서 본
남쪽 부곡리토성(아래)

에 있는 하서만의 입구를 관장하는 산성으로서 기능했다.

위치와 규모

부곡리토성의 위치는 눌제訥提*의 서북방 약 3km 지점이고 후의 보
안현이 있던 고현리까지는 3.6km 떨어져 있다. 서변 배후에는 해발
231m의 주산舟山을 두르고, 눌제로 흐르는 고부천, 곧 동진강 상류의
강기슭까지는 동으로 1.4km가 떨어져 있다. 이 점은 동진만과 줄포만
의 양방으로 출입문을 거느린 지리적인 요충을 말해준다.

이 토성은 남서우의 해발 74m의 돈대墩台를 중심으로 수구가 남으
로 내려온 삼태기형 평면을 가지고 있다. 성곽은 사면 위에 토루를 협
축한 것이다. 《고적조사자료》에 "토축 주적 300간(540m) 고8척"**이
라 기록되어 있다. 돈대는 휘단 또는 봉화단 등으로 이용했던 고지로
서 이 역시 타원형을 이루며 단을 형성하고 있는데, 둘레는 144.5m이
고 너비는 동서와 남북 각 47m가 된다. 돈대의 높이는 3m 내외이다.

성곽은 가장 서쪽 기점인 (구)부림초등학교 뒤의 서해안고속도로
쪽에서 성산 쪽 정면으로 33.5m이다. 여기서 남서우각은 둥글게 돌
아갔는데, 길이는 29.6m이며, 다시 여기에서부터 남변으로 대략 정동
방향으로 뻗는데 길이는 136.3m이다. 그 중간에 남문지(성산마을 집성

---

* 동진강 정읍 눌제는 익산의 황등제黃登堤, 김제의 벽골제碧骨堤와 더불어 호남 삼호
三湖의 하나였다. 1873년(고종 10년)에 폐지되었으나 당시 제방의 길이는 1.5km, 둘
레는 16km이었다. 1916년 눌제의 위치에서 4km 상류에 흥덕제興德堤를 축조하였는
데, 흥덕제의 유역이 4,420ha, 저수량이 7,791km², 관개면적이 6,113ha인 것을 보면 폐
쇄되기 전 눌제의 규모가 얼마나 방대하였는가를 짐작할 수 있다. 이 저수지는 우리
나라 도작문화稻作文化의 발전과 더불어 호남지방의 식량생산이나 농업경제상 중요
한 구실을 한 수리시설의 하나였다.

** 土築 周적 300間(540m) 高8尺.

부곡리토성에서 바라본 고부천과 고부 고사비(두승산)성

촌 뒤쪽)가 있다. 남동우각은 북동 67도 방향으로 굽어진다. 태인 허씨 제실 가는 길 지점까지의 길이는 19.5m이다. 이로부터 북동우각 북 두제저수지 방향까지는 동변인데, 부곡리토성 성곽이 약간 밖으로 외 장한 호형을 이루고 있다. 동변의 길이는 139.7m이다. 북변은 북두 제저수지에서 매상마을 뒤까지 대략 남서 250도 방향으로 뻗어 기점 110.8m를 뻗고, 매상마을 뒤부터 남서 210도 방향으로 87.1m를 뻗 어 기점에 돌아온다. 부곡리토성의 총 둘레는 564.8m가 된다.

성내는 남서 모서리가 가장 높고 동변 중앙에 수구가 있다. 이 수구 는 남동우각에서 약 44m 북으로 내려온 지점에서 시작되는데, -22도 경사로 8m를 내려오다가 5.4m의 경사로 꺾이어 수구에 다다른다. 수 구의 너비는 5.3m이고 이곳이 동문지이다. 이 문지의 양 누벽의 수직 서변 매상마을 뒤쪽에서 돈대 정상까지의 단면은 다음과 같다.

여기에는 토루를 협축하지 않고, 너비 8.3m의 회랑도를 둘렀다. 외 사면은 경사각도 31도, 사면거리 5.9m이다. 안쪽은 수직 높이 3m, 사

부곡리 주구묘周溝墓 전경
(《부안군 문화유산 자료집》,
145쪽)

원삼국 시기 토기 가마터 내 출토 토기편. 왼쪽 아래는 깊은바리(높이 2.5㎝, 바닥지름 11.4㎝),
오른쪽은 정란형 토기(높이 41.5㎝). 전북대학교박물관 소장.

면거리 9.7m를 깎아내리면서 +6.5도 각도로 삼각점 정상에 다다른
다. 해발 높이는 74m이다. 이와는 대조적으로 남변 성산마을 집성지
뒤쪽에서는 단면 삼각형인 토루를 구축하고 있다. 성곽의 외사면은
-30도의 경사로 8.8m를 내려가고, 토루의 윗면 너비는 1.2m, 내면은
-24도의 경사가 길이 4m, 이로부터 수평으로 너비 12.2m의 넓은 회

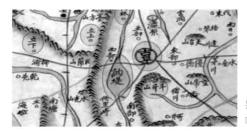
동여도(18첩 5면)의 고부천(눌제) 일
대의 고지도

랑도를 두르고 있다. 토루는 안쪽 높이 1.8m, 외사면 높이 4m, 밑변
너비는 9m 내외가 된다.

성의 내외에서 신라에서 고려시대에 이르는 와편과 도편이 발견되
었다.* 또 주구묘 2기, 집자리 15기, 토기가마 1기, 폐기장 1기 등이 발
견되었다. 방형주거지 내부에 4개의 기둥을 세운 주거지 형태가 일반
적이며 내부에서 격자 나날문토기가 출토되었다. 토성은 모두 낮은
구릉 부분에 위치하며 상부는 경작지로 삭평된 상태이다. 현재 부곡
리토성 정상과 산록에는 태인 허씨들의 텃밭이 있으며 많은 농작물을
재배하고 있다.

고부천의 내력

부곡리토성은 동진강 지류인 고부천을 바로 앞에 두고 있는 산성으
로, 정읍시 고부면 두승산의 연결 고리이며 고부천 최상류 지역의 토
성지이다. 고부천은 전라북도 고창군 신림면 도림리에서 발원하여 서
남쪽으로 흐르다 송룡리에서 북쪽으로 방향을 바꾼 후 고창군 성내면
과 흥덕면의 여러 동리를 지나 동림저수지를 만드는 하천이다. 계속
북쪽으로 흘러 정읍시의 고부면 백운리 용수마을 앞에서 소성천으로

* 《부안군지》, 부안군, 전주 선명출판사, 1991, 996쪽.

부곡리토성 정상 가는 길.

합류한다. 이어 용흥리의 신용(용흥)마을 앞에서 운흥천과 합한 후, 북
동쪽으로 약간 방향을 바꾸어 영원면 풍월리·앵성리·장재리를 지나
북류한다. 이어 전라북도 부안군 백산면 대죽리·평교리·덕신리·금판
리의 평야지대를 지나 부안군 동진면 장등리 앞에서 동진강에 유입되
는 하천이다. 고부라는 명칭은 《삼국사기》 지리지에 등장한다. 눌제
천訥堤川·눌천訥川으로도 불렸는데, 《신증동국여지승람》(고부)에 "눌
제천은 근원이 흥덕현의 반등산에서 나와 군의 서쪽 10리에 와서 눌
제천이 되고, 북쪽으로 흘러 부안의 동쪽에 와서 모천과 합하여 동진
이 되어 바다로 들어간다."라는 기록이 있다.

　눌제천은 백제시대 제방으로 전해지는 눌제(늘제, 율못)라는 방죽에
서 유래한 지명으로 보인다. 동일 문헌에 "눌지訥池는 군의 서쪽에 있
는데, 지금은 없애고 논을 만들었다."라고 하였고, 《동국여지지》(고
부)에 "눌제호는 군 서쪽 8리에 있는데 일명 율호律湖라고도 불린다.
방죽 길이가 1,200보요, 호 주위가 40리이다."라는 관련 기록을 확인

할 수 있다.《정읍시사》(2003년)에 의하면 발원지로부터 소성천과 합류하기까지의 구간은 흥덕천興德川으로도 불린다.《동여도》에서 지명에 나타난 곳을 확인해 보면, 고부와 두승산, 눌제와 입상(부안군 보안면 상입석), 입하(진서면 진서리)와 부림(현 부곡리토성)이 가까운 곳에 위치하는 것을 알 수가 있다.

성산마을 유래와 허씨 집성촌

부안군 보안면 부곡리 성산城山마을은 보안면 영전 소재지에서 북동쪽으로 6km 지점 해발 20m에 위치한 중산간 마을이다.

줄포-주산-부안간 도로 중 보안면과 주산면의 경계점이 되는 북두제北斗提의 동남쪽에 표고 74m의 작은 야산이 있다. 이 산 남쪽으로 넘어가면 산기슭 양지바른 곳에 위치한 이 마을이 곧 성산이다. 마을의 뒷동산에는 내성과 외성으로 이루어진 토성의 흔적이 남아 있다. 이곳의 지명

부곡리토성 내 태인 허씨 제실

이 성산인 것도 바로 여기에서 유래하며, 원래 구전으로 내려오는 마을 이름은 '성뫼'로 '성이 있는 산'이라는 뜻이다.

지금은 거의 찾아볼 수 없지만 일제강점기 때만 해도 성내 여러 군데에서 기와 무더기가 발견되었다고 이 마을 원로들께서 전한다. 현재 성산은 지리상의 이유로 '성뫼'와 '성동城東'으로 나누어진다. 훗날 늦게 생긴 '새 성뫼'는 '신성산'이라는 이름으로 행정구역상 상림리에 속한다. 이곳들 역시 성뫼산을 중심으로 붙여진 이름이다. 성의 동문 입구에는 우물이 1정 있는데 '물통시암'이라고 불러왔으며 지금은 허사규許士奎의 집에서 전용으로 사용하고 있다.

성산에 허씨許氏가 들어와 집성촌이 되기까지는 300년 정도의 세월이 흐른 것으로 추측된다. 17세기 말엽 허씨 선산 초당파 산림을 지키기 위해서 이웃(흥언리)에서 성뫼에 들어왔고, 18세기 말엽 허선許暄이 성의 동쪽(성동)에 입촌함으로써 그들의 자손들이 머물러 살게 되었던 것이다.

많은 집들이 대문과 사랑채를 두어 격식을 갖추었으며, 그들의 앞산을 안산案山이라 부르고 좌우능선을 각각 '백호'와 '청룡'이라 호칭하며 살아왔다. 안산은 현재도 이 마을에서 빼놓을 수 없는 지명이다. 또 이 마을에는 200년이 넘는 가옥이 3채가 있다.*

부곡마을과 금송아지 전설

부곡리토성 바로 아래에 위치하는 부곡마을은 보안면사무소에서 동쪽으로 7km 지점 해발 20m에 위치한 마을이다. 면사무소에서 오른쪽으로 아스팔트길을 따라 6km 정도 가면 수초가 무성하게 숲을 이룬 저수지가

---

* 김형관,《내 고향 보안》, 김숙희 · 허성석 증언, 2001, 232쪽.

있다.* 이 저수지의 이름은 '북두제'로 인근 마을 농사의 젖줄을 대고 있다. 이 북두제 너머에 있는 마을이 부곡마을인데, 이 마을은 옛날부터 부자들이 많다고 알려져 '부골'이라고 불리웠다고 한다.

부곡은 인근 주산면에 있는 큰부곡과 보안면의 작은부곡으로 나뉜다. 이곳 부곡리토성이 위치한 부곡마을은 작은 부골로 불리고 있다. 마을에는 전설이 하나 내려오는데, 상석교마을 사람들이 겨울용 땔감으로 마을의 울창한 나무를 모두 베어버리자 마을 근처에 살던 금송아지가 살 터전을 잃어버려서 이곳 부골마을 산으로 와 살게 되었다고 한다. 이 사실을 알게 된 인근 사람들이 이곳에 모여들면서 부곡마을이 형성되었다고 전해진다.

그래서인지 옛부터 다른 마을보다 곡식을 많이 거두었고 부촌으로 불렸지만 한국전쟁을 겪고는 흉년으로 마을 주민들이 고생을 했다고 한다. 오래된 가옥으로는 김병주 가옥이 있지만 현재 집 주인은 떠나고 빈집만 남아 있다.

지금도 금송아지가 뛰놀던 자리에는 금송아지의 형상을 닮은 바위가 있어서 신비스러운 옛 전설을 상상케 해준다. 이 금송아지를 닮은 바위가 있는 자그마한 야산은 지금은 수풀이 우거져서 주민들의 휴식처가 되고 있다.

---

* 김형관,《내 고향 보안》, 재경보안향우회, 1991, 232쪽.

사산리산성 土山里山城

우금산성 문지기와 도롱뫼

삼국시대 | 테뫼식 | 주산면 사산리 사산마을 산47 외

사산리산성은 부안군 주산면 사산리 사산마을 뒤편에서 사산저수
지 동쪽 경계에 인접한 입산(해발 105m) 정상부를 둘러싼 테뫼식 성으
로 토축성으로 추정된다. 주산면사무소가 있는 종산鐘山으로부터 서
남쪽으로 1㎞쯤 가면 '뉘역메'라는 마을이 있다. 이 지역 사람들은 마
을 뒤의 산 모양이 마치 도롱이로 둘러놓은 노적가리 같다 하여 '도롱
이뫼'라 부른다. 도롱이 사(蓑) 자를 써서 '사산蓑山' 또는 '뉘역메'라고
했는데 지금은 쉽게 '사산土山'으로 쓴다.

사산리산성은 다른 이름으로 도롱이산성 또는 도롱뫼산성*이라 불
리는데, 상서면 청동마을에서 보면 저수지 위의 산성처럼 보이지만
조사 결과 토성지이다. 산은 높지 않고 해수면을 따라 바닷길과 연결

* 사산리산성은 현장과 자료에 비추어봤을 때 한자부터 많이 다르다. 사산리산성 정상
  주위에 산죽으로 둘러 이루어진 산으로 사산리의 '사' 자는 簑-대죽변의(竹) 도롱이
  사(蓑) 자를 사용해야 올바를 것이다.

위에서부터 주산면 소산리에서, 사산마을 앞에서, 상서면 봉은마을 앞에서 본 사산리산성

이 되어 있다.

산성의 정상부는 타 산성보다 낮지만 사방을 볼 수 있다. 특히 서쪽에 우금산성이, 동남쪽에 소산리산성이 확연하다. 이를 토대로 추정해 본다면, 백제 부흥운동 당시 주류성인 우금산성의 방어기지였을 것으로 판단된다. 고부천을 경계로 두포천변의 사산리산성, 소산리산성, 부곡리토성 등은 물론, 고부천 건너편에는 금사동산성, 은선리토성, 고부진성, 두승산성 등이 내륙에서 접근하는 신라군들을 방어하였기에 이들을 '내륙 방어 산성'이라고 할 수 있다.

위치와 규모

사산리산성은 토단뿐 아니라 내부의 흙을 외변에 성토하여 토루를 형성하고, 북변은 능선을 동서로 흙을 잘라 성토했다는 점이 독특하다. 토루의 외호유무外壕有無는 분명치 않다. 위곽에는 토루 외변에 성책을 세웠던 흔적이 있고, 서변 중앙에는 폭 4.2m의 문터가 남아 있다.

이 성터가 있는 '사산'은 사산제저수지(1962년 준공)를 건너 서쪽에 우금산성이 보이는 표고 약 100m의 남북으로 가늘고 긴 작은 산이다. 산봉은 주산(231m)과 20m 내외의 얕은 능선으로 이어진 산맥*이다. 동북 방향으로도 낮은 구릉지대를 형성하고 있다. 서북방은 하서만下西灣으로 흐르는 하천의 저습지대가 있고, 동방에도 동진강 상류인 고부천이 바로 산봉우리 아래 1.5km 지점까지 접근해 있다.

---

* 변산지맥, 승암분맥은 방장산에서 배풍산을 지나 북쪽으로 분기한 장지산, 성메산, 주산, 뉘엉매, 승암산, 시어산, 고성산, 염창산을 지나 서해로 맥을 다하는 길이 23km 부안 지역의 분맥으로, 좌측으로 서해로, 우측으로 고부천으로 흘러드는 지류를 흐르게 한다.

사산리산성 정상 부근에는 대나무 밭으로 지금은 들어갈 수가 없다.

사산리산성의 성곽으로 추정되는 곳

사산산성과 사산저수지의 위성지형도

　1965년 채집된 유물 중 석기류로는 타제 편평석부, 망칫돌(敲石)이 있고 발형·호형·쇠뿔형 손잡이 등 적갈색 무문토기편, 고리형 손잡이·두터운 항아리형·단지형 등 백제시대 경질토기 파편들이 나왔다. 경질토기는 승석문·격자문이 타날되었다. 신라시대 뚜껑 부분이 덮인 완형 토기편도 있었다.

성격과 규모가 주변 산성과 비슷하여 같은 시기에 축성된 것으로 보이는데, 지명의 연원은 마한시대로 거슬러 올라간다.

신라군과의 격전지

사산리산성과 두량이성은 백강구 해전이 일어나기 전에 전투가 가장 치열했던 곳이다. 산성은 작지만 주변이 산악과 습지로 둘러싸여 있어 천혜의 요새였다. 사산리산성 뒤로 주류성이 있고, 또한 지금은 사산저수지 속으로 수몰된 '조손샘'이 늘 맑고 깨끗한 물을 공급해서 군사들의 식수난을 해결해 주었다. 나당연합군에 의해서 백제 왕도가 함락된 다음해 3월, 신라군은 백제부흥군에 포위된 당나라 유인현劉仁顯을 구원한다는 명분 아래 독자적으로 군을 출동시켜 두량이성을 침공하려 했다. 그러나 신라군의 사산리산성과 두량이성 기습 작전이 불리해졌고, 이때 백제군은 성의 남쪽에서 신라군을 기습하여 물리친다. 이에 신라군은 고사비성(정읍 태인)에 주둔하여 36일간 대치하였으나 이기지 못하고 물러갔으며, 이 전쟁의 패배로 신라 태종 무열왕은 화병으로 죽고 만다. 사산리산성의 위치는 그만큼 중요했고, 낮은 토성지를 가지고 있어도 쉽지 않은 전투 산성이었다.

다음 사산리토성지에 대한 기록을 살펴보자.

이는《삼국사기》에 보이는 두량윤성의 두량윤(이)와 동음이며, 백제부흥운동의 근거지였던 주유(주류)는 바로 두량윤의 중국 측 기사명이다. 동

138

주산면 소산리에서(위), 모내기 후 청등마을에서(아래) 본 사산리산성

일 사실을 기술한《일본서기》천지기에는 '주유'라고 적혀 있다. 이는《위지》마한 조에 열거된 '지반국, 구소국, 첩노국, 모노비리국' 중 '첩노국'이 이에 해당된다. 참고적으로 부언한다면 지반은 지화-기벌-개화(부안), 구소는 고사-고사부리(고부), 모노비리는 모량부리(고창)의 별사가 되므로 모두 이 일대의 지명들이다.*

산 이름인 사산蓑山은 도롱이뫼로 불리어지고 있는데, 이는《삼국사기》〈신라본기〉의 '두량이豆良伊'·두솔豆率과《구당서》·《당서》의

* 《부안향토문화지》〈부안진성고〉 편, 변산문화협회, 1980, 424쪽.

'주류성周留城'과 대응된다. 현 도산리는 원래 '도래미'라 불리어 왔다. 이러한 지명은 각 나라의 기록에 따라 한자의 소리 빌림이 달랐던 탓인데 그 연원은 마한시대까지 거슬러 올라간다. 곧《삼국지》〈위지魏志〉의 마한 조에 열거된 54국 이름 중에 "지반국 구소국支半國 狗素國·서로국捿盧國·모노비리국牟盧卑離國"중에서 '서로국'이 이에 해당된다. 이는 현 전라북도 부안을 중심으로 하는 서해안 지역의 옛 지명과 대응되는 것으로서, 지반支半은 개화皆火·계발戒發이었던 부령扶寧이고, 구소狗素는 고사부리古沙夫里와 같은 음으로 현 고부古阜이다. 모노비리牟盧卑離는 백제시대의 모량부리毛良夫里현으로 현 고창高敞에 해당한다. 각자 다르게 쓰는 지명과 산성의 이름이지만 이는 모두 부안군 일대의 지명들이다. 따라서 이들 3개국이 이루는 삼각지대 안에 자리한 구소국·서로국은 바로 두량이·주류이며, 이는 '도롱이'로서 그 이름의 흔적이 남아 있음을 알 수 있다. 이와 같은 지명 상으로 보더라도 주류성이 부안 지방임을 알 수 있다.

또한 사산리산성에 대하여 2003년 전영래 교수는 '이 사산리 산성지는 왕고의 두량월성에 비정되며, 위금산성은 새로이 축조된 백제의 병의 주성이라 할 것이다.'*라고 했다.

자료1

사산리산성에서 서쪽으로 3㎞ 지점에 우금산성이 자리하고 있으며, 남동쪽으로 3㎞ 지점에 소산리산성이 있다. 산성이 자리한 곳을 포함한 주변 지역은 사산리 유물 산포지로서 삼국시대부터 조선에 이르는 다양한 유물이 확인된

* 전영래,《전북 고대산성조사보고서》, 전라북도 한서고대학연구소, 2003, 393~396쪽.

다. 현장 조사를 한 결과, 산성이 위치한 것으로 추정되는 곳은 부엽토 등으로 성벽의 흔적을 찾을 수 없었지만 산성의 토단으로 추정되는 곳이 확인되었다.

토성의 전체적인 성벽 길이는 동벽과 남벽 일부 구간의 훼손으로 인하여 정확히 알 수 없었지만, 추정되는 성벽의 길이는 30m 내외이고, 평면 형태는 타원형이다. 성벽의 폭은 하단부는 5m 내외이고, 상단부는 3~4m로 확인되었다. (《2020년 부안성곽학술조사》, 부안군, 2020, 98쪽)

소산리산성 所山里山城

베멧산과 전투병 훈련기지

삼국시대 | 테뫼식 | 주산면 소산리 소산마을 산1-1 외

주류성에서 한 지맥이 구릉을 타고 묵방산墨方山으로 이어지는데, 소
산리산성은 이 산에서 동남쪽으로 뻗은 140m 고지의 정상에 테머리
식으로 감은 성책토성이다. 현지에서는 베멧산(또는 배멧산)으로 불린
다. 언제인가는 모르지만 바닷가 배를 묶어두었다고 해서 이름을 붙
였다고 한다. 베멧산 곧 묵방산은 부안군의 보안면 월천리와 주산면
소산리 경계에 있다.《여지도서》(부안)에 "묵방산은 변산으로부터 이
어지며 현 서쪽 25리에 있다."라는 기록이 있다.《산경표》의 호남정맥
흐름을 보면 내장산-노령-율치-묵방산으로 하여 변산으로 이어지는
산줄기를 확인할 수 있다.

661년 3월 백제군은 소산리산성 앞의 갯벌(지금의 고부천)을 사이에
두고 고사부리성의 신라군과 대치하여 결국 승리를 거두었다. 이처럼
소산리산성은 주류성의 전초기지였던 것이다.

위에서부터 보안면 월천리에서, 보안면 월천리 유관마을에서, 소산마을 입구에서, 매상마을
뒤에서 바라본 소산리산성과 베멧산(묵방산)

위치와 규모

소산리산성을 올라가 보면 약 126~158m 정도에 성곽의 위치가 보인다. 많은 형태는 아니지만 성곽에 대한 뿌리만 남아 있다. 제2봉의 정상(214m) 주위에 병력의 휴식터 자리도 있으며 제1봉의 정상(227m)에서 바라보면 최근 석산으로 폐광 같은 모습을 볼 수 있다. 인근 마을 주민들의 제보에 의하면, 소산의 주봉은 돌산으로 채석장이 건설되어 산의 대부분이 깎여 나갔으며 소산리산성이 자리하고 있는 봉우리만 남은 상태라고 한다.

소산리산성의 전체적인 성벽 길이는 남벽과 서벽의 훼손으로 인하여 정확히 알 수 없다. 다만, 추정되는 성벽의 길이는 350m 내외이고, 평면 형태는 타원형이다. 남아 있는 성벽의 폭은 하단부 7m 내외, 상단부 3~4m로 확인된다.

사산리산성처럼 동변은 급경사를 이루고 서사면은 폭이 약 9m의 평탄화 호지를 이루고 있는데, 외곽의 둘레는 324m, 서남으로 가늘

소산리 앞에서 바라본 소산리산성과 베멧산(《부안군문화유산자료집》, 2004, 184쪽)

소산리산성 북쪽(주산면 소산리 방면) 성곽으로 추정되는 석축

고 긴 타원형 평면을 이른다. 북서남의 산면은 산사면을 깎아 회랑을 두르고 있는데 동변과 남변은 석축이 노축路築되어 있다.

소산리산성에서 우리나라 벼의 재배에 있어 또 다른 중요한 자료가 출토되었다. 이곳에서는 선사시대에서 조선시대 유물까지 출토되고 있다.

볍씨 자국 토기

1975년 당시 전주시립박물관 전영래 관장이 부안군 주산면 소산리 소산(베멧산) 성터에서 볍씨토기를 발견하였다. 이곳에서 발견된 토기편은 사질민무늬토기로서 홍도紅陶, 흑도黑陶, 마제석검편磨製石劍片, 석촉石鏃, 삼각형돌칼, 홈자귀 등이 함께 출토되었다. 중요한 것은

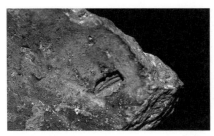
소산리산성(베멧산)에서 출토된 볍씨토기

다수의 3각형 석도편과 함께 채집된 볍씨 자국이 있는 무문토기편이
다. 볍씨 자국은 길이 6.5mm, 폭 3.8mm로서 장폭비長幅比 1.71이다.
1996년 충북 청원 소로리 유적지에서 발견된 소로리 볍씨 이전에는
한반도에서 가장 오래된 볍씨 유물로 당시 일본이 주장했던 벼농사
일본 전래설을 뒤집는 것이었다.

2000년에 베멧산 문화유적에 대해 문화재 신청이 되었으나 전라북
도는 거부했다. 곧이어 부안군은 이 일대에 대한 채석 허가를 내주었
다. 2003년 8월부터 전북문화재연구원에서 지표 조사를 실시했으나
유물이 특별할 게 없다고 하여 채석을 해도 무방하다는 결론을 내렸
다. 그런데 문화재 지표 조사를 하기 전에 이미 채석 허가가 난 상태
였다. 3만m^2 이상의 개발에서는 지표 조사를 해야 한다는 문화재보호
법 상의 효력은 1999년부터였다. 하지만, 이곳의 채석이 3만m^2를 초
과했는지에 대해서는 문화재청이나 부안군은 확인해주지 않고 있다.

1984년 문화재 지표 조사를 했고 2004년 원광대 마한백제연구소
에서 유물 산포 지도(부안군 유적지 조사서)가 작성되었다. 조사 기록에
따르면 이 일대의 문화유적에 대해 자세히 소개하고 있다. 즉 2003년
전북문화재연구원에서 조사한 문화재 지표 조사에 허점이 심각하게

보안면 월천리에서 본 소산리산성(위). 베멧산(묵방산) 유물 산포 지역을 교묘하게 피해가며
채석하는 채석장(아래)

발견된다. 문화재청과 전라북도와 부안군은 전북문화재연구원에서
조사한 지표 조사를 정밀하게 검토하지 않고 채석 허가를 해준 직무
유기가 심각하다고 할 수 있다.

　이렇듯 묵방산의 유물은 현재 석산 개발로 인하여 흔적도 없이 사
라지고 있다. 주산면 소산리 방면과 보안면 월천리 유관마을의 유적
지는 물론이고, 선사시대와 청동기시대, 그리고 고대 백제의 문화유
적도 개발이라는 이름으로 사라지고 있어 안타까운 일이다. 베멧산은
고대 백제의 역사문화 경관 차원에서 매우 중요한 곳이다. 눈에 보이
는 유물을 훼손하지 않았다고 해서 문화유적의 진정성을 파괴하지 않
은 것은 아니다. 문화유적은 문화유적이 내포하는 진정성뿐만 아니라

보안(立上)면, 줄포면(乾先)과 고부 사이
에 눌제가 위치하고 있다.

당시의 역사문화 경관을 보존한다는 차원에서 보호되어야 한다.

눌제 저수지

전북에는 눌제 외에도 삼한시대에 축조된 김제의 벽골제碧骨堤, 익
산의 황등제黃登堤가 있다. 이 세 저수지를 삼호三湖라 일컬었으
며, 호남湖南지방, 호서湖西지방이라는 호칭은 이때 유래되었다.
또한 눌제는 제방문화堤防文化의 효시이기도 하다. 조선 중엽의 실학
자 유형원은《반계수록》의 〈전제후록田制後錄〉에서 "이 3둑堤에 저수
를 해 놓으면 노령 이상은 영원히 흉년이 없어 가히 중국의 곡창인 소
주蘇州나 항주杭州에 견줄 수 있으니, 온 나라 만세의 큰 이익이 되는
국세의 과반이 호남에서 나오기 때문이다."라고 했다. 이렇듯 눌제는
곡창 호남을 적시는 젖줄로 마한-백제-고려-조선의 중요한 국가시
설이었다.

자료1

소산리산성은 현 전라북도 부안군 보안면 월천리 유관마을 뒷산과 주산면 소
산리 소산마을 뒷산에 자리한 묵방산(베멧산) 자락 소산(해발140m) 정상부를
둘러싸고 있는 테뫼식성이다. 현재 산성을 오르는 등산로 주변으로 인삼밭이

조성되어 있어 출입이 용이하지 못하다. 묵방산 남북이 석산 개발로 인하여 묵방산의 옛 모습은 찾아볼 수 없다. 또한 태인 허씨泰仁 許氏, 부령 김씨扶寧 金氏 등의 제당 및 묘소가 마련된 성의 내부시설이 상당수 훼손되어진 것으로 판단된다. 소산리산성에서 서북쪽으로 5km 지점에 우금산성이 자리하고 있으며, 서북쪽으로 3km 지점에 사산리산성이 있다. (《2020년 부안성곽학술조사》, 2020, 103쪽)

자료2 눌제

세종 3년 신축(1421) 정월 기묘(16일)에 전라도 관찰사 장윤화가 아뢰기를, "김제군 벽골제와 고부군 눌제訥提가 무너지고 터져서, 일찍이 풍년을 기다려 수축하도록 명하였습니다. … 둑의 모양이 위가 좁아 둘려 있는 길 같고, 아래는 넓어서 언덕 같아 물이 위로 넘지 않으면 반드시 언덕을 무너뜨릴 염려가 없는데, 어찌 덧쌓기에 급급하신지요. 또 고부군의 눌제는 무술년(태종 18, 1418년) 가을에 거의 1만 명을 부려서 한 달 만에 이루고, 옛적 정전의 10분의 1법에 따라 나누어 경계를 삼고, 사전 9결을 받은 자가 (1결씩 받은 자 아홉이) 함께 공전 1결을 가꾸어 바치는데, 그 토지가 비옥해 공사公私의 수확이 모두 풍족하여 그 이익의 큰 것을 돌을 세워 공적을 기록했으니 또한 벽골제와 맞먹습니다. 그러나 불행히도 비를 만나 무너졌으니, 이는 둑이 굳세지 못한 것이 아니라 감수하는 자가 물을 잘 소통시키지 않았기 때문으로, 책임의 소재가 따로 있습니다. 그런데 일을 맡았던 자가 도리어 제방의 위치가 마땅치 않았다 하여 힘을 덜 들이고, 무너진 것을 보수함이 편한 줄을 생각지 않고 망년된 생각 내어 수만의 무리를 동원하여 옛 둑 아래의 넓은 들로 옮겨 쌓아서 보안현保安縣 바로 남쪽 뜰까지 끌어넣고, 산과 들을 파서 도랑을 내어 서쪽으로 검포바다(곰소 앞 바다, 즉 줄포만)까지 통했으나, 그것으로 무너져 터질 근심을 면할는지 감히 알지 못하겠나이다." 하였다.(《국역 부풍승람》, 부안교육문화회관, 2021, 330쪽)

4부

도읍을 수비하는
진鎭 산성

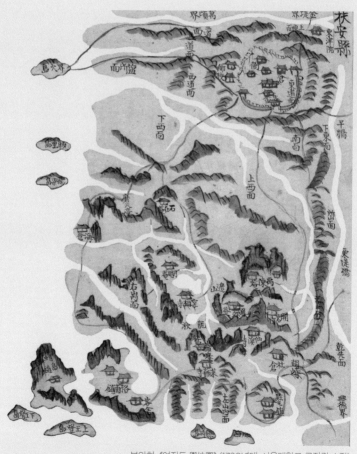

부안현, 《여지도 輿地圖》 (1730년대, 서울대학교 규장각 소장)

국내 최대의 읍성지

삼국시대/나말, 고려 초 | 테뫼식 | 부안읍 동중리

부안군은 현재 1개 읍과 12개면의 행정구역을 갖추고 있다. 동진강과 고부천을 잇는 평야를 이루고 있으며, 부안읍성 주위의 갯벌들이 옥토로 변화한 지역이기도 하다. 부안읍은 면적 24.78㎢, 인구 2만 837명(2021년 12월말 현재)이며, 읍 소재지는 동중리이다. 부안읍은 본래 동도면東道面이라 하여 동중東中, 숙후, 남상南上 등 17개 리를 관할했다. 동고서저형의 일반적 지형과 달리 동쪽이 낮고 서쪽이 높은 반도형태로, 남서부는 변산이 차지하고 북동부에 넓고 비옥한 평야를 가지고 있다. 예부터 부안은 인심이 순후하고 인보정신이 강하며 의식이 풍족하다 하여 "생거부안生居扶安"이라고 일컬어 왔다.

부안 경역에 대한 기록
조선 초기의 《세종실록》〈지리지〉(1454년, 단종 2년)에 의하면 부안의

성황산에서 본 부안읍(위), 신선마을에서 그리고 행안면 역리마을에서 본 부안읍성과 성황산성

사방 경계는 동쪽으로 김제까지 11리, 서쪽으로 바다 어귀까지 60리, 남쪽으로 흥덕까지 37리, 북쪽으로 만경까지 11리로 기록되어 있다.

《신증동국여지승람》(1530년, 중종 25년)에서는 동쪽으로 김제군의 경계까지 13리, 남쪽으로 고부군의 경계까지 18리, 흥덕현의 경계까지

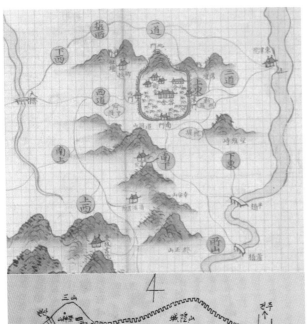

18세기 중엽에 제작한 것으로 알려진 <비변사인방안지도>에 나와 있는 부안읍성(서울대학교 규장각 소장)

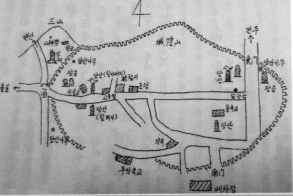

부안읍내 당산분배도(《부안향토문화지》, 변산문화협회, 1980)

1850년에 제작(추정)한 상소산(부안 노휴재 소장)

52리, 북쪽으로 만경현의 경계까지 12리, 서쪽으로 바닷가까지 11리, 서울과의 거리는 577리로 기록되어 있다.

두 기록에는 약간의 차이점이 있다. 《신증동국여지승람》이 《세종실록》〈지리지〉보다 세밀한 편이지만, 그렇다고 부안현의 경역을 정확히 알 수 있는 자료라고 하기는 어렵다. 하지만 두 기록을 통해 조선 전기의 대략적인 부안현의 위치와 모양을 파악할 수 있다.

조선 후기의 《여지도서》(1765년, 영조 41년)에서는 부안의 경역에 대해 다음과 같이 기록하였다. 부안읍 동쪽으로 김제군의 경계까지 15리, 서쪽으로 바닷가까지 60리, 남쪽으로 고부군의 경계까지 18리, 북쪽으로 만경현의 경계까지 20리이다. 북쪽으로 서울과의 거리는 540리로, 엿새 가는 거리이다. 동쪽으로 감영監營까지 100리로, 하루 가는 거리라고 하였다.

부령현과 보안현이 합병한 조선조 초기는 고려 말 왜구들이 우리나라 해안의 마을들을 제집 드나들듯 하였음은 물론이요, 지리산의 운봉雲峰까지 내륙 깊숙이 침입하여 장기간 주둔한 직후였다. 그래서 두 고을이 병합한 부안읍성은 좀 더 크고 튼튼하게 축성하여 왜구들의 침입도 방비하고 새 읍성으로서의 위용도 보여 고을 사람들의 심리적 안정도 도모하였다고 보여진다.

성황산, 성황사

부안읍은 성황산을 중심으로 읍성이 조성되었다. 성황사城隍寺는 부안읍 동중리 상소산上蘇山 기슭에 자리한 사찰이며, 대한불교조계종 제24교구 본사인 선운사禪雲寺의 말사이다. 부안군 전체를 조망할 수 있는 서림공원 내에 있다.

성황사는 민간의 종교적 심성이 녹아 있는 곳으로, 부안의 독특한 점들과 함께 살펴볼 때 그 위상이 더욱 확고해진다. 이 지역에서는 예부터 산신山神을 받들어 제사를 지내왔는데 제사를 올리던 자리에 1870년 성황사가 건립되었다. 창건 당시 절의 명칭이 '성황당사城隍堂寺'인 점은, 부안에 자리한 공동체 수호신당인 '당산堂山'과 관련지어진다. 또한 주위에 1천188척, 높이 15척의 열두 샘물과 동서남문으로 성문이 있는 읍성이 있다. '성황'이 중국에서 '성읍을 수호하기 위해 둘레에 못을 파놓는다'는 의미의 '성지城池'를 뜻하고 있어 부안읍성의 수호사찰로 세워졌음을 알 수 있다. 아울러 '성황'은 민간에서 '서낭'이라고도 하는데, 원래 산신(山王)을 뜻하는 우리 고유의 신앙인 '서낭(산왕→선왕→서낭)'에서 그 말이 왔다는 점에서 산중 사찰에 의미를 부여한 민간의 심성을 읽을 수 있다. 현재도 드넓게 펼쳐진 호남벌을 배경으로 하여, 부안 읍민의 심신을 달래고 소망을 기원하는 도량으로 사랑받고 있다.

부안읍성의 규모와 당산제

고려시대에 현의 자리는 《동국여지승람》 부안고적에 '고읍성(재현동(서), 주오백척, 내유육천) 보안폐현保安廢顯(재현남在顯南 30리)'라는 글로 짐작할 수 있다. 현 부안읍 서쪽 행안면 역리에 고려 토성이 있으므로 고려시대 부령현의 옛 자리를 가늠하게 한다. 500여 년 전인 고려 말 공양왕 때 왜구의 침입을 막고자 성황산을 중심에 두고 산성을 쌓았고, 동문-서문-남문을 두어 성의 안팎으로 성내城內와 성외城外

로 구분했다.

부안읍성은 매우 넓고 튼튼한 석성으로 다시 쌓았다. 둘레가 16,458척이면 당척唐尺을 기준으로 계산하여도 약 5.5km가 넘는다. 높이 15척이면 약 5m 높이의 규모로 짐작되며, 동서남의 세 곳에 성문의 누정樓亭을 두었는데 동문은 청원루淸遠樓, 서문은 개풍루凱風樓, 남문은 취원루聚遠樓, 혹은 후선루候仙樓라 하였는데 북문은 없었다. 북쪽은 성황산이 둘러있어서 사람의 출입이 없었기 때문이다.

성황사가 있는 상소산은 표고 115m이다. 산 정상은 장축 서남 방향의 좁고 긴 대지를 이루며, 동서 양면은 가파르고 암반 등이 노출되어 있다. 이 산정 대지 중 동쪽으로 치우친 정상 부분을 남북으로 감싼 타원형의 테머리식 토성지가 있다. 그 주변은 실측 결과 332.5m이었다. 정상부가 매우 변형되어 동쪽은 남북으로 관통되는 도로가 개착開鑿되었다. 성의 서편, 북단에서 30여 미터 내려온 곳에 폭 10m의 문 자리가 있고, 이와 반대편인 동편에도 동문 자리로 보이는 곳이 있다. 그러나 남문 자리는 소재지가 분명치 않다. 성내에서는 고려 말에서 조선 초에 걸친 토기편과 와편들이 누적되어 있다. 삼국시대의 토기편도 섞여 있어서 산정의 토성지는 이미 삼국시대 말부터 설치되었음을 밝힌다.

중성의 실측 길이는 810m이다. 이 성지는 동쪽 중앙에 내성을 안고, 서남방에 광장을 거느린 서변을 사변斜邊으로 하는 말각직삼각형抹角直角3角形을 이루는데, 그 북단에 북문 자리와 동변 북우에서 약 40m 내려온 곳에 동문 자리, 남변 서우각에서 약 15m 동쪽에 남문 자리가 완연히 남아 있다.

외성은 상소산 위의 중문 서곽을 북변으로 하는 평산성으로, 그 동서양익東西兩翼이 구릉을 따라 내려와 현재 읍의 동북과 서외리의 석장생이 있는 곳에 각각 동문과 서문 자리가 있다. 동곽은 동교구릉의 선은리와 경계를 이루는 능선을 따라 동남으로 약 980m를 뻗다가 서남으로 꺾인다. 서곽은 중성의 서변을 남으로 연장시키다가 동남으로 꺾이어 서문 자리에 이르고, 다시 민가 사이를 뻗어 변산행 도로에서 자취를 감추게 된다. 서편의 길이는 약 1,000m에 이르며, 이 중 북서변 약 368m는 중성의 서변 석축과 겹치고 있다.

부안읍내(성)에는 민간신앙의 귀중한 자료인 솟대당산과 석장승이 옛 성문거리에 고스란히 남아 있어 문화의 뿌리가 깊은 고장임을 알려주고 있다. 현재에도 읍성을 지키는 당산제를 지내는 마을이 많다. 서문안* 당산제는 정월 초하룻날 밤에 유교식 제의로 제사를 지낸다. 동문안** 당산제와 남문안*** 당산제는 보름날 낮에 지내는데, 농악을 치고 줄다리기를 하여 흥을 돋우며 무당의 고사와 소지燒紙로 축원을 한다. 제관을 정하고 지켜야 할 금기들은 세 당산제 모두 비슷하다.

남문안 당산제는 돌모산 당산제로 알려져 있으며, 지금도 부안읍에서는 제일 큰 당산제로 남아 있다. 부안 읍내에 세워져 있는 석조형신간石鳥形神竿의 오리당산과 그 하위신인 석장승 한 쌍씩을 수호신으로 모시고 제가 행해진다. 이 석간신체石竿神體들은 1689년(숙종 15년)에 세워졌고 상단에 오리 모양의 새가 한 마리씩 앉아 있는 것이 특이

---

* 서문안 당산. 국가민속문화재 제18호.
** 동문안 당산. 전라북도 중요 민속자료 제19호.
***남문안 당산. 전라북도 중요 민속자료 제18호. 조선시대 읍성의 남문터로 알려진 취원문루(건선루) 자리에서 1992년 현재의 자리로 옮겼다.

하다. 또한 부안읍성 외곽에서는 정월 보름에 하는 돌모산(내요리) 당
산제가 있어서 마을의 평안과 태평과 풍년을 기원한다.

부안읍성의 정자들

부안읍성에는 동문, 남문, 서문과 함께 루(정자)들이 여러 곳에 위치하
고 있다. 이러한 정자의 기록을 살펴보면 아래와 같다.

성의 남문인 후선루候仙樓는 취원루라고도 부른다. 서쪽으로 변산
을 마주하고, 북쪽으로 바다를 바라보며, 동남쪽으로 들판이 넓다. 고
려에서 예문관 대제학을 지냈던 이행(李行, 1352~1432년)*의 시에 기
록이 있다. "높은 봉우리는 석보**를 이고 서 있고 하늘은 각 가운데
에 닿았네, 바다 위 돋은 해는 붉게 물결에 흔들리고, 구름에 잠긴 산
은 푸르게 허공을 찌르네, 옷 가다듬고 세속의 티끌 털어내니, 환골탈
태하여 신선궁에 오르는구나, 해질녘 긴 수를 아래에서 두들겨랑이로
차가운 바람이 파고드네." 허종이 남긴 시도 살펴보자. "높은 누각에
바람 불어 흥취가 아련한데, 해 저무는 들판에 말 한 마리 오는구나,
아득하니 외로운 배 어디로 가느냐, 그대에게 부탁해 같이 타고 봉래
산 찾아가련다."***

망월루望月樓는 관아의 동쪽에 있었고, 정기각正己閣은 관아의 남쪽

---

* 이행의 본관은 여주, 자는 주도周道, 호는 기우자騎牛子·백암거사白巖居士·일가도인
一可道人이다. 1371년 과거에 급제하고, 한림수찬이 되었다. 윤이, 이초 옥사 때 연루
되어 고초를 겪었다. 경연참찬관, 예문관대제학을 지냈고, 고려가 망하자 예천동醴泉
洞에 은거했다.

** 석보는 돌로 쌓은 작은 성을 말한다.

*** 《국역 부풍승람》, 부안교육문화회관, 2021, 192쪽.

에 있었다. 조선 말에 이조판서를 지낸 이풍익*이 세웠다고 한다. 심고정審固亭은 상고산 서림공원에 있었다.《국역 부풍승람》에 하봉 신종순이 쓴 기문을 기록하고 있다.**

　　고을에는 활쏘기가 있는데, 활쏘기에 정자를 두는 것은 대개 옛날 일이다. 고을 남쪽에는 옛날에 관덕정觀德亭이 있었으나, 형세 상 보존할 수 없었다. 몇 년 전 이래는 나는 이영두와 김연옥 등 여러 공과 함께 새로 세울 것을 의논하였다. 김태형과 이영일은 큰돈을 내놓았고, 이어서 여러 사람이 정성을 기울여 도와주었다. 이에 작년 가을 서림에서 황무지를 개간하고 오물을 제거하고서 건물 1동을 건립하였다. 기와를 덮고 아주 깨끗이 청소하고서, 문미에 걸고 심고정이라 하였다. 이에 고을에서 활쏘기에 참석할 선비를 모아서 각각 화살 4발을 쏜 뒤에 모임을 마쳤다. 말하자면, 활쏘기는 과목 중의 한 과목이고, 옛날 왕공과 사서인이 노닐지 않은 적이 없었다. 시·예·전기·백가의 문장에 이 말이 실리지 않은 것이 없으니, 활쏘기가 기예로서 가볍지 않다는 것은 분명하다. 월상씨가 흰 꿩을 주나라에 진상하고, 해 뜨는 저 언덕에서 봉황이 우는 것 같은 것은 잔치에 빈객이 읍하고 사양하는 모습을 익힌 것이니, 그 덕을 보는 것이다. 혹은 탐욕스런 멧돼지가 들에 가득하고, 큰 고래가 바다를 분탕질 치면, 그것들을 수렵하고 창으로 꿰니 그 난폭함을 막을 것이다. 여기에서 또 예사禮射와 무사武射 둘이 구분***되는데, 아! 지금은 예가 그 도를 잃어버렸고, 무가 그

---

* 이풍익(李豊瀷, 1804~1887년) : 자는 자곡子穀, 호는 육완당六玩堂, 본관은 연안이다. 1829년 문과에 급제하여 대사헌, 이조판서 등을 역임하였다.
** 《국역 부풍승람》, 부안교육문화회관, 2021, 212쪽.
*** 예사 구분 : 예법을 중시하는 활쏘기 의례인 향사례와 활로 적을 물리치는 전쟁에서

술수를 달리한다.

그렇다면《세종지리지》에 보이는 '읍석성주삼백사보'나 문종대 문신인 정분鄭苯의 계본啓本에 수록된 '주위일천오백척'에 해당하는지를 살펴볼 필요가 있다.

332m를 1천5백 척으로 나누면 1척의 길이는 22.14cm가 되어, 량전주척인 27.79cm와 근사치가 된다. 이를 다시 6척1보로 하면 약 250보가 되어《세종지리지》의 304보와는 거리가 멀다. 만약 1보를 5척으로 하면 1보의 길이는 110.7cm가 되어 외성둘레는 300보가 된다. 만약 21.79cm를 사용하여 5척1보로 친다면 1보의 길이는 약 109cm가 되어, 주장 332.4m는 약 351보가 되어 비로소《세종지리지》의 304보와 비근하게 된다.《세종실록》과 문종대 정분의 계본에 나타난 각 읍성 둘레 단위인 보와 척을 비교 환산해 보면, 낙인(4.85), 보성(5.13), 임파(5.32), 영광(4.59)등 5대 1의 비율을 시현하는 것이 대부분이다. 부안의 경우, 304보와 1,500척의 비율은 1보가 4,933척으로 역시 1보=5척의 관계를 보여주고 있다.

이 산정내성은 정분 계본에서 폐이, '성내무정천'이란 말과도 부합되며, 세조 3년에 성내가 협애하여 겨우 관사만이 들어설 뿐 창고, 군영 등이 성외에 있으므로 고객사터에 이축해야 한다는 순찰사 박강의 상계도 수긍이 가는 바가 있다.

이러한 좁은 성역을 확장하려 한 것이 세조 13년, 성중이 경착하고 수원은 없으니 성동남면 4천7백35척을 새로 쌓기로 하자는 병조의

의 활쏘기가 구분된다는 말이다.

상계를 허락한다. 이가 중성에 해당하는지는 불명이다. 중성의 실측 치는 810m이다. 이 성지는 동편중앙에 내성을 안고, 서낭방에 광장을 거느린 서변을 사변으로 하는 말각직각3각형을 이루는데, 그 북단에 북문지와 동병 북우에서 약 40m 내려온 곳에 동문지, 남변 서우각에서 약 15m 동방에 남문지가 완연히 남아 있다.[*]

자료1

상소산은 군의 치소 뒤에 있다. 당나라 장수 소정방이 여기에 오른 까닭에, 그로 인해 이름하였다.[**] ○산세가 구불구불하게 융해되고 응결하여, 한 군의 진이 되었다. 고목과 푸른 넝쿨이 무성하여 숲을 이루고, 기암과 반석이 왕왕 열지어 있다. 혜천의 물이 맑고 차며, 기려한 명승을 띠어 고금 사람들의 유명한 시를 많이 새겼다. 서쪽으로 큰 바다의 파도의 구름안개를 바라보면 만천의 기상이며, 동남쪽의 영주산과 방장산은 거의 신선의 인연에 가깝다. 지금의 서림공원을 세웠는데 사철 내내 기이한 경관이니, 조선의 십승지 중 하나이다. (《국역 부풍승람》, 부안교육문화회관, 2021, 33쪽)

관사공해館舍公廨는 아사[성 안에 있다. 익종조 갑신년(1824년, 순조 24)에 불에 타 재가 되었다. 현감 김성연이 다시 세웠다. ○일명 패훈단이니, 군수가 정치하는 곳이다]. 내아[패훈당 뒤에 있는데, 군수의 내실이다.], 진석루

---

[*] 전영래,《전북 고대산성조사보고서》, 전라북도 한서고대학연구소, 2003, 423쪽.

[**] 당나라~이름하였다 : 소정방은 660년 신라와 함께 백제를 칠 때, 부안에 온 적이 있었다. 그는 660년 9월 3일에 백제 의자왕 등 많은 포로를 이끌고 사비에서 배를 타고 당으로 돌아갔다. 소정방 관련설은 잘못 전해져 내려온 것으로 보인다. 이는 내소사와 소정방 사이에 얽힌 일화도 마찬가지다.

[곧 외삼문이 아사 앞에 있다. ○지금은 패해졌다. ○누각 아래의 반석 위에는 참판 박시수*가 쓴 "주림·옥천·봉래동천珠林·玉泉·逢萊洞天" 여덟 글자가 있다.]. 작청[패훈당 남쪽에 있는데, 이방이 머무르는 곳이다. ○지금은 패해졌다.]. 현사청[패훈당 남쪽에 있는데, 호장이 머무는 곳이었으나, 지금은 우편소가 되었다.] 형방청[작청 뒤에 있는데, 형리가 머무르는 곳이다. ○지금은 폐해졌다.]. 장정[곧 군관청인데, 수교가 머무르는 곳이다. ○지금은 불에 타 재가 되었다.], 통인청[작청 앞에 있는데, 통인이 거처하는 곳이다. ○지금은 없다.], 장방청[패훈당 앞에 있는데, 사령이 거처하는 곳이다. ○지금은 없다. (《국역 부풍승람》, 부안교육문화회관, 2021, 25쪽)

성곽城郭은【옛 읍지에 의거함】읍성은 흙으로 쌓았으며, 둘레가 1천1백 88척, 높이가 15척이다.【안에는 샘마 우물 12개가 있다.】동문·서문·남문에는 모두 누군가 누각을 세웠는데, 동서의 두 개 누각은 이미 훼철되었고, 남쪽에만 누각 하나가 있었다.〈지금은 없다〉. ○돌로 쌓았으며, 둘레가 1만 6천 4백 58척, 높이 15척이다. 지금은 없다. ○안에는 샘과 우물 16개가 있었다. ○김종직의 시에서는 "천 길 봉우리 누각의 경관이 기이하여, 억지로 늙고 피곤한 몸 부축하여 다시 위태로이 기대었네, 쇠를 녹일 듯한 해는 군산도에 떨어지고, 하얗게 걸친 연운煙雲은 벽골제에 걸쳤네, 몸은 반 공중에서 멀리 달과 노닐고, 시는 온갖 군상을 더듬자니 술잔 놓기 더디네, 능가산은 예로부터 천부라 불렀건만, 지금 쇠잔한 얼굴을 대할 줄 어찌 기약하였으랴" 하였다. 국역 부풍승람》, 부안교육문화회관, 2021, 30쪽)

---

* 박시수 : 부안현감 역임(1810~1813년), 자가 성용(聖用), 본관이 반남이다. 정조 8년 문과에 급제하고, 사헌부병, 영흥부사, 대사간 등을 역임하였다.

검모포진성 黔毛浦鎭城

흔량매흔과 군함 제작 요충지

삼국~고려시대 | 포곡식 | 진서면 구진마을 뒤

검모포진黔毛浦鎭이라 하면 옛 수군들의 함성소리, 칠산바다의 파도소리가 어우러진 군사 기지를 떠올릴 수 있다. 하지만 줄포만의 북편 중간 곰소항 옆에 자리한 검모포는 보안면과 진서면 경계의 산성이며, 줄포만(곰소만)의 입구에 있는 진서면 진서리 구진舊鎭마을 뒷산이다.

곰소항에서 영전 쪽으로 시가지를 막 벗어나면 왼쪽으로 드넓은 곰소염전이 전개된다. 곰소염전 들머리에서 동쪽으로 접어들면 나지막한 산(천마산) 아래 남향으로 자리한 구진마을이 나온다. 이곳은 서해바다를 지키는 군사적 요충지로 고려시대 이래로 진영鎭營이 설치되어 있었다. 검모포진성에 가면 현재도 일부 유적을 찾을 수 있다.

성터 위치와 규모
천마산의 서남쪽 끝자락에 위치한 구진마을 뒤로는 석축시설을 한 구

곰소염전에서 바라본 천마산과 검모포진성

진성터가 남아 있다. 현재 구진성터는 밭으로 경작되고 있는데, 서쪽 능선에서는 문지門址가 확인되고 있으며, 마을의 민가와 접한 남쪽에서는 석축을 한 성벽과 수구문지가 확인된다. 토축을 한 동쪽 성벽의 일부는 경작 과정에서 잘린 상태이다. 구진성 내에서는 분청자기편·회청색 도기편·백자편·기와편 등이 수습되었다. 이 구진성은 조선시대 해군기지였던 검모포진이 들어 있던 곳이다.

진서면 검모포진성에서 채집된 도자기편과 기와편(《부안군지》, 2015, 134쪽)

검모포진성 정상
부근의 주택 자리

검모포진성의 성책지로 추정되는 곳

검모포진(1918년 조선5만분의지형도)

검모포진 지도(扶安黔毛浦地圖,
1872년, 서울대학교 규장각 소장)

문헌 기록들

구진마을이 문헌에 처음 나오기는 1378년 7월 초 고려 공민왕 27년 《고려사》에 기록되어 있다. "왜적이 검모포에 침입하여 전라도 조선을 불태웠다(倭侵黔毛浦 焚全羅道漕船)."라고 기록하고 있다. 또한 《세종실록지리지》에는 "검모포는 부안의 남쪽 웅연(곰소)*에 있다(黔毛浦在扶安縣南熊淵)."라고 기록하고 있고, 《신증동국여지승람》 부안현 관방조關防條에는 "검모포영은 현의 남쪽 51리에 있는데 수군만호 1인이 있다(黔毛浦營 在縣南五十一里, 水軍萬戶一人)."라고 하였다. 《여지도서輿地圖書》에는 "검모포진黔毛浦鎮 만호(萬戶, 종4품 무관) 1, 군관軍官

---

* 여기에서 웅연熊淵은 곰소라는 곳으로서 당초에는 범섬과 나룻산이 동서로 나뉘 솟아 섬으로 되어 있었으며, 일제강점기 말에 이 산을 깎아 육지와 연결하는 제방을 쌓음으로써 육지로 변했다. 원래는 곰소섬이라 했다고 한다.

구진마을 앞 줄포만 갯벌

18, 진리鎭吏 16, 지인知印 6, 사령使令 9, 군뢰軍牢 7, 우수영속右水營屬"이라고 기록되어 있으며,《호남읍지2湖南邑誌二》에 의하면 위의 인원에 전선戰船 1척, 방선防船 1척, 사후선伺候船 2척, 방군防軍이 810명임을 밝혀 검모포진영의 병력 규모를 짐작케 하고 있다.

진서마을과 구진마을

구진에 있던 진(변방수비군)이 지금으로부터 209년 전 서기 1812년에 현 진서마을로 옮겨져 신진리新鎭里라 하였으며, 지금의 진서초등학교 자리에 만호(진: 명칭)를 두고 상비군 830명과 곰소에 전선戰船 두 척을 보유하고 있었다 한다. 그 후 60여 년 만에 진이 해체되고 1932년 진터에 현 진서초등학교가 설립되어 진서면 교육의 산실이 되었다. 지방 행정기구 개편으로 산내면이 분리되면서 현재는 진서면으로 불러지고 있으며 역사적으로 유래가 깊은 마을이다.

　구진마을은 40~50여 가호의 한적하기 그지없는 바닷가 마을

구진마을 당산나무와 당산제
《부안군 문화유산 자료집》, 2004)

이다. 그러나 바닷일로 먹고사는 사람은 한 사람도 없다. 과거에
는 칠산바다가 부려다주는 풍요를 만끽하며 마을 주민 모두는 바
닷일로 생계를 이었으나, 1942년 일제가 범섬, 까치섬 등의 무인도
와 곰소(일명, 웅연도)를 연결하고 곰소항을 만들면서 이 마을의 어
업은 쇠퇴하기 시작하였다. 그 뒤 1960년대 말 칠산바다에서 조
기, 갈치가 사라지면서부터는 문을 닫아야 했다. 그러나 작은 마
을치고는 역사문헌에 이 마을만큼 많이 등장한 곳은 없을 것이다.
몽고는 고려를 짓밟은 다음 일본을 치기 위해 장흥의 천관산과 변산
에서 배를 만들게 했다. 그렇다면 변산 어디에서 만들었단 말인가?
향토사학자들은 바로 이 구진마을로 비정하고 있다. 실제로, 한국전
쟁 후에 마을 앞 갯벌에 무수하게 묻혀 있는 통나무를 캐내 썼다고
한다. 통나무는 1.5m 깊이에 묻혀 있었는데, 조선소의 도크처럼 넓게

바닥을 이루고 있었다고 마을 사람들은 증언한다.

조선시대에는 이 마을에 수군이 주둔했던 진이 있었다. 문헌에 나오는 검모진 또는 검모포진은 바로 여기에서 연유된 지명이다. 그 당시 바다에 정박해 있는 군함이나 수군의 훈련 모습, 호각소리 등은 꽤나 이색적인 풍경이었던 듯하다. 조선 선조 때 부안의 유학자 동상 허진동은 우반동 일대의 경승 10곳을 골라 '우반10경'을 지었는데, 그 중의 1경이 '검모모각'이다. 또한 사암 박순(선조 때 영의정)은 허진동의 우반10경에 붙여 시를 짓기도 하였다.

원의 군함 조선소, 변산

부안 변산은 역사적으로 많은 수난을 받았다. 1274년(고려 원종 15)에 원元은 고려를 정벌하고 그 여세를 몰아 일본을 정벌하려 하였다. 그러나 원은 대륙에서 기병만으로 다른 나라를 친 나라이기에 바다에서 싸워본 경험이 없었다. 그러므로 일본을 치려면 많은 군함이 필요했다. 원은 여기에 필요한 군함을 고려에다 만들도록 강요했다. 여기서 필요한 군함이란 전함 중에서도 쾌속선 300척과 몰수선 300척, 천석주 300척을 만들어내는 것이었다. 이에 대하여 고려에서는 총감독으로 홍다구洪茶坵를 임명하였는데 홍다구는 고려의 반역자로 원에 붙어서 잔인무도한 짓을 한 사람이다. 그는 고려에 와서 배를 만드는 데 필요한 장인, 인부, 도구, 식량 등을 모두 고려에서 부담하라고 요구하였다. 홍다구는 고려 사람을 짐승 부리듯이 혹사시켜 배를 만들었다. 이에 고려에서는 김방경金方慶을 총 감독관으로 임명하여 목수와 인부 250명을 모집하여 부안 변산과 장흥의 천관산 등 두 곳 조선조에 설치하였다.

당시 원은 오로지 일본 정벌에만 목적이 있었기 때문에 고려의 어떠한 희생도 생각하지 않고 강행하였다. 고려는 조선공사造船公社를 맡아서 그 괴로움과 부담이 컸다. 고려는 6개월을 들여 겨우 300척의 건조를 마쳤고, 그 전함은 경남 김해로 수송되었다. 원은 고려에 대하여 병사 8천 명, 수부 1만5천 명의 제공을 요구하였다. 그러나 이것이 너무나 과대하여 도저히 응할 수 없어서 고려는 원과 교섭하여 병사 6천 명, 수부 7백 명을 제공하였다. 이에 대하여 동경도립대東京道立大 하다다(旗田) 교수가 저술한 《원元구》에 사실이 구체적으로 기록되어 있다. 그 뒤에 변산은 원의 일본정벌日本征伐이란 자극과 영향을 받아 고려 말부터 조선 초기에 이르기까지 왜구의 침략이 심하여 그것이 약 200년간 계속되었다. 그리하여 변산 구진은 인적, 물적 피해를 많이 입게 되었다.*

유학자 허진동이 지은 우반10경 중의 1경인 '검모모각黔毛暮角'을 아래에 소개한다.

검모 저물녘 호각소리(黔毛暮角)

지는 해 산 너머로 그림자 거두고
화각소리 옛날의 수자리에서 날려오네
그 소리 흩어져 들어오며 어둠 재촉하고
머물던 구름 다 돌아가 봉래산을 감싸네

* 변산면자치위원회, 《변산면 역사와 문화》, 신아출판사, 2012, 45쪽.

소격산성 小格山城

칠산바다 수군과 수군별장

포곡식 | 격포리 소격마을/ 월고리 봉수대

소격산성(또는 격포진성格浦鎭城)을 찾는 것은 그리 쉽지 않았다. 수없이 다닌 소격마을 앞길과 변산면 도청리, 격포리 일대의 산성 자리가 보이지 않았기 때문이다. 격포진성이라 하면 월고리 봉수대를 지키는 곳 주위에 산성이 있지 않나 하고 봉수대가 있는 봉화봉 주위를 여러 차례 올라 확인해 보았지만 석성은 봉수대에서 굴러떨어진 석성 잔해들 뿐이었다.

역사적인 문헌을 다시 뒤지면서 도청리 주위의 산성일까 하는 생각이 들었다. 소격마을 주민들이 전하는 영기바위 전설과 어릴 적 놀았다는 이야기(80세 박형순 할머니와 인터뷰)에 무작정 올라가 보았다. 주민들이 알려준 곳으로 향하면서 산성의 잔존들을 확인할 수 있었다. 산성에서 바라본 월고리 봉수대와 격포 앞바다를 지킬 수 있는 곳으로 지형이 딱 맞았고, 옛날 소격마을 앞까지 바닷물이 들어온 내

위에서부터 소격산성 원경, 소격마을에서 본 소격산성, 격상마을에서 본 월고리 봉수대, 유유
저수지에서 본 소격산성

역도 확인할 수 있었다. 월고리 봉수대에서 점방산 봉수대(대항리)와 개화도 봉수대를 거쳐 전주까지 이어지는 봉수대 길뿐만이 아닌 서해바다의 첨병처럼 지킬 수 있는 곳이 바로 소격산성이었다. 또한 산성의 뒤편에서 바라보면 변산으로 들어가는 길(유유마을 입구 방면)을 지킬 수 있는 곳이 바로 소격산성이다.

격포항과 소격마을

내변산은 의상봉(508.6m), 비룡상천봉(439.4m), 우금산(329m), 쇠뿔바위봉, 관음봉(424.5m), 쌍선봉(459.1m) 등 300~400m급 봉우리들이 비교적 경사가 급한 산들로 이루어져 있다. 호남의 삼신산三神山은 부안 변산邊山의 봉래산蓬萊山, 고창의 방장산方丈山, 고부의 두승산斗升山이다. 이 산 이름을 따서 변산의 봉래산이라고 불렀다고 한다.*

변산은 우리나라 재목의 보고이다. 소를 가릴 만한 나무와 하늘을 가릴만한 나무줄기가 언제나 다하지 않았다. 변산은 나무가 많은 산봉우리와 겹겹한 산등성이(해발 300~500m)가 많은 지형이다. 변산의 입구가 바로 격포진格浦鎭이며 격포진성이라고도 불리는 소격산성이 그 격포진을 지키며 위치하고 있다.

소격산성은 격포항과 소격마을로 나뉜다. 격포항 월고리 봉화봉(171.1m)과 닭이봉(85.7m)을 사이에 두고 격포항을 바라볼 수가 있으며, 격상마을(봉수대와 격포항 마을)은 격포항 이전의 격포해수욕장으로 역사적 가치가 있는 곳이기도 한다. 봉화봉은 정상에 봉화대가 있고

---

* 부안 변산의 봉래산, 고창의 방장산, 고부의 두승산은 영주산瀛州山이다. 이것이 시초가 되어 삼신산三神山이 되었고, 변산의 봉래산도 부안의 대명사처럼 불려지게 되었다.

1968년 격포 어촌 경찰선(브라이언 베리), 2021년 격포항에서 본 월고리 봉수대

주위가 해안이다. 부안읍에서 서쪽으로 70리에 있는 격포는 해안이 요새의 땅으로, 첨사진의 옛터이다. 닭기봉과 지네봉이 양 옆에 있으며, 앞으로 봉화대의 옛 자취가 있다. 격포는 예부터 군사적 요충지여서 봉화산 정상에는 고려시대 이래로 봉수대가 있었고 조선시대에는 한때 수군 진鎭이 설치되어 있었다.

조선 후기 지리학자인 고산자古山子 김정호가 1862년에 펴낸《대동지지》〈진보鎭堡〉 조에 의하면 "인조 때 처음으로 진鎭을 베풀고 별장을 두었으며, 1653년(효종 4년)에 성을 쌓았다. 뒤에 감영에 속하였으며, 둑을 쌓아 물을 가두었다."고 기록되어 있다.《호남읍지3》에는 격포진의 설치 시기를 1640년(인조 18년)이라고 밝히고 있다.《여지도서》부안현 진보 조에는 격포진의 병력 배치에 대해 별장別將 1인에 군관 16인, 진리鎭吏 15인, 지인知印 5인, 사령使令 9인이 감영에 속한다고 기록되어 있다.《호남읍지1》에는 위의 병력에 전선戰船, 병선兵船, 방선防船, 사후선伺候船과 방군防軍 200인이 추가되어 있다. 이로 볼 때 격포진은 방군이 각각 810명씩인 검모포진이나 위도진보다 그 규모가 작음을 알 수 있다. 격포진의 별장은 후에 첨사僉使 또는 만호萬戶로 바뀌었다.

조선조 중엽 명종 때 첨사가 관아를 다스리는데 하루는 사투봉射投峰(군대가 활을 쏘고 돌을 던지는 연습을 하던 곳)에서 바라보니, 산과 들과 바다가 연계되어 어염시초魚鹽柴草가 풍성하여 사람이 사는 데 부족함이 없어 보였다. 이에 격식에 맞는 바닷가라 하여 격식 격(格), 갯 포(浦) 자를 써서 격포格浦라 이름하였다고 한다. 또한 그때부터 마을이 형성되고 해안에 수군水軍이 주둔하여 격포진이라 불렀고, 마을 중심에는 수군의 첨사가 근무하던 관아가 있었다고 하나 지금은 흔적을 찾아보기 힘들다.

격포항에 있는 닭이봉은 마을 형상이 지네형으로 '계봉鷄峰'이라고도 불렀다. 이 마을은 마을이 형성되고 나서부터 동네에 재앙이 끊이지 않았다. 이로 인해 마을 주민들이 한 집 두 집 떠나자 남은 사람들이 궁리 끝에 마을을 떠나 다른 곳으로 이주하려 하였다. 그때 지나가는 도승이 지네와 닭은 서로 상극이어서 옆에 같이 공존할 수 없으므로 돌로 족제비상像을 만들어 봉화봉에 세워 계봉과 마주보게 하면 마을의 재앙을 막을 수 있다고 했다. 이에 마을 사람들이 그대로 하였

더니, 그 후부터는 마을이 평온하여 주민들이 모여들기 시작하였다고
한다.

옛날 격포진은 수군의 근거지로 수군별장水軍別將, 첨사僉使 등이
배치되었고, 조선시대에는 전라우수영全羅右水營 관할의 격포진 관
아와 월고리 봉수대가 있던 곳으로 역사와 문화가 담긴 곳이다. 그 후
일제강점기에 간척사업을 하고, 마을 앞 저수지로 개발하여 격포들의
농업용수 공급과 낚시터로써 지금의 종암제를 축조하였다.* 또《대동
지지》에 1843년(헌종 9년)에 격포진을 폐지했다고 하였는데, 1887년
간행된《부안지扶安志》에는 1873년(고종 10년)에 진을 다시 설치했다
고 기록되어 있다. 그러나 이후 1894년에 완전히 폐지되었다.

격포 봉화봉은 변산면 격포리에 있는 산으로 높이는 171.9m이다.
조선시대 봉화를 올렸던 곳이어서 유래한 지명으로, 산 정상에 봉대
가 있어 봉대산烽臺山이라고도 한다.《세종실록지리지》(부안)에 "봉
화가 3곳**이니, 현의 서쪽 월고이月古伊는 남쪽으로 무장 소응포에 응
하고, 북쪽으로 점방산에 응한다."라고 하여 월고리산이 '월고이'로 불
렸음을 확인할 수 있다. 산자락에 드라마 촬영장인〈불멸의 이순신〉
세트장이 들어서 있다.

격포 월고리 봉수대의 정확한 위치는 동경 126도 28분, 북위 35도
36분이며, 봉수대의 크기는 원형으로 지름이 약 9m이다. 1957년에
김형주 선생과 최래옥 교수가 이곳을 답사했을 때는 나무가 없는 민

---

* 변산면자치위원회,《변산면 역사와 문화》, 신아출판사, 2012, 76쪽.
** 부안군의 봉화대는 격포 월고리(닭이봉) 봉화대, 변산면 대항리 점방산 봉화대, 계화
　면 계화산 봉화대 등이 있다.

<불멸의 이순신> 세트장(모항)에서 본 월고리 봉수대

등산이었으며 정상에 오르니 칡넝쿨에 싸인 무너진 봉수대의 돌덩이
만이 삭막하게 뒹굴고 있었다고 한다.*

무너진 봉수대에서 사방을 둘러보면 동으로는 첩첩한 변산이요, 서로
는 망망한 칠산七山의 서해바다며, 멀리 남으로는 고창 선운산 너머 무장
茂長의 소응포 봉수산이 보이는 것 같고, 북으로는 격포진格浦鎭, 죽막동
(竹幕洞: 대막골), 수성당水聖堂 건너편으로 대항리 점방산占方山의 봉수
대 고지가 바로 거기다.

아래는 소승규(蘇昇奎, 1864~1908년)가 1897년 4~5월에 변산 일대
를 유람하고 지은 그의 《유봉래산일기遊蓬萊山日記》에 남긴 글이다.

* 김형주, 《김형주의 부안 이야기》, 도서출판밭, 2008, 245쪽.

격포진의 관아를 내려다보니 규모가 큰 진이었다. 앞뒤 좌우로 관청과 시설이 굉장했다. 을미년에 진을 폐지한 뒤부터 담장이 무너지고 건물도 황량해졌으며, 푸른 물이 층계에 묻히고 누런 먼지가 대청에 가득하였다.

강세황의 그림에 나타난 격포진은 폐지되기 전의 격포진의 규모와 시설들을 짐작할 수 있게 한다.

격포 채석강은 전북 서해안권 국가 지질공원이자 변산반도의 대표적인 관광명소이다. 채석강과 봉화봉 일대는 입자의 크기와 구성 물질을 달리한 퇴적물이 쌓여 만들어진 퇴적지형이 지속적인 파도의 침식작용에 의해 형성된 해식절벽과 동굴이 장관을 이루고 있다. 이곳은 해식절벽에 의해 노출된 퇴적층, 습곡이나 단층과 같은 지질구조, 마그마의 관입에 의해 형성된 관입암체, 생성 환경을 유추할 수 있는 다양한 자갈로 구성된 역암층, 과거의 호수 환경에서 발달한 삼각주 로브 퇴적체와 같은 학습 요소가 풍부하여 야외학습장으로도 매우 중요한 가치를 지닌다.

격포 지역의 지명은 자주 분리되었다. 1984년 행정구역 조정으로 격하를 격하1리와 격하2리로 분리하여 격하2리라고 부르게 되었다. 이후 1987년에 격포항이 1종 항구로 승격되어 선착장과 방파제 시설이 들어섰다. 1988년에 변산반도도립공원이 국립공원으로 승격되었고, 서해안시대 변산개발이라 하여 호수가 급증하게 되었다. 이에 따라 1990년에 행정구역을 조정하여 하천을 경계로 북쪽의 취락마을과 채석강, 닭이봉을 격하3리로 분리시켰다.*

* 《부안향리지》, 부안군, 1991, 603쪽.

부수찬 이우진의 상소

부수찬 이우진李羽晋의 상소*를 살펴면 격포진과 검모포진에 대한 기록이 상세하게 나와 있다.

부안扶安 고을의 지형은 사방으로 뻗은 변산邊山의 기슭에 둘러싸였고 삼면은 해변에 바싹 닿아서 온 경내의 백성들이 산에 살지 않으면 포구에 살고 있습니다. 그런데 근년에 와서는 마을이 잔폐하여 열에 일곱 여덟 집은 비었기 때문에 산전山田은 태반이 묵정밭으로 황폐해지고 해세海稅는 해마다 줄어드는 상황에 이르렀는데, 이는 오로지 백성은 적고 관청은 많아서 백성들이 관청의 침해를 감당하지 못한 때문입니다.

본 고을에는 세 진鎭이 있는데, 검모진黔毛鎭과 격포진格浦鎭 두 진은 산 밑에 있으면서 모두 송정松政을 관장합니다. 검모진의 진장鎭將은 전선戰船을 관할하기 때문에 그로 인해 약간의 도움을 받아서 폐단을 끼치는 일이 비교적 적지만, 격포진의 경우는 진이란 이름만 가지고 있을 뿐 애당초 배가 없어서 진장에서부터 교졸校卒에 이르기까지 살아가는 밑천으로 도움을 받는 것이라고는 송금松禁이라는 명분을 빌려 산간과 해변 백성들을 위협하는 것뿐입니다. 염전과 고깃배에는 자연 일정한 값이 정해져 있고 산골의 나무꾼들도 역시 항상 수탈을 당하고 있습니다. 수탈에 만족할 줄 모르고 갖가지 명목으로 등치고 뺏으니, 이는 실로 부안 백성들의 뼈에 사무치는 폐단입니다.

지형의 사정으로 논하더라도 격포진은 바다 속으로 쑥 들어가 앞에는 칠산七山바다에 닿아 있고 경내가 전부 양호兩湖의 경계에 걸쳐 있으므로

---

* 부수찬, 헌납 이우진의 상소(1786년, 정조 10년).

행궁行宮이 설치되어 있기까지 하고, 또 봉화대의 경치가 뛰어나다고 소문난 곳이니, 해문海門의 요충지임을 알 수 있습니다. 그런데 배도 없는 진장鎭將과 맨손의 수졸水卒들을 장차 유사시에 어디에 쓰겠습니까. 검모진은 격포를 거쳐 항만을 따라 40리를 들어가 물이 없는 곳에 진이 설치되어 있는데, 그곳은 곧 육지로서 바다와는 거리가 멀리 떨어져 있으니, 해안 방비란 이름으로 전선을 두는 것 자체가 이미 잘못된 것입니다.

신은 이전에 영남의 고을 수령을 지냈기 때문에 송정松政의 폐단을 대강 아는데, 관장하는 책임을 맡은 곳이 너무 많은 것이 송정을 좀먹는 가장 큰 하나의 이유입니다. 더구나 한 산의 송정을 두 진의 관할에 두었으니, 이는 간사한 좀벌레들을 키우고 민폐만을 끼칠 뿐입니다. 요즈음 산의 나무가 헐벗게 된 것은 꼭 이 때문만이 아니라고 할 수 없습니다. 그러니 두 진을 합쳐 하나로 만들되, 격포진의 별장別將은 혁파하고 검모진을 바다 어귀에 위치하여 전선을 관할하는 격포진으로 옮겨 요충지를 쉽게 통제할 수 있도록 해야 합니다. 그리고 녹봉을 받는 교졸校卒들에게 산림만 관할하여 보호하고 살피게 하되, 백성을 침탈하는 폐단을 엄히 금하고 수탈하여 거두는 습관을 완전히 고치게 한다면 장졸들은 생계거리가 있게 되어 그 형세가 반드시 이전과 같은 행동을 하는 데는 이르지 않을 것입니다. 그렇게 되면 고을 백성들의 근심과 고통을 줄일 수 있고 요충지의 방어가 소홀히 될 걱정도 바뀔 수 있을 것입니다." 하니, 묘당으로 하여금 품의하여 처리하도록 명하였다.*

위의 기록을 보더라도 격포진은 수군의 초병들이 월고리 봉수대를

---

* 《조선왕조실록》〈태백산사고본〉 33책 33권 12장 A면, 국편영인본, 46책, 236쪽.

지키고, 격포에서 변산 쪽으로 들어와 수군의 훈련을 한 진지는 소격 마을 뒤 소격산성이 맞다. 또한 대항리, 군막동과 장군봉의 군막사와 수군의 훈련 장소로 정당한 위치이며, 군사 기지로써의 역할을 할 수 있는 곳이다.

강세황의 산문 기록

변산에 대한 기록은 표암 강세황 산문전집에 많이 나와 있다. 그 중에서도 격포 수군의 기록 중에서 두 편의 산문은 《표암유고豹菴遺稿》에 실린 〈유우금암기遊禹金巖記〉와 〈유격포기遊格浦記〉이다. 이중 〈유격포기(격포유람기)〉의 일부 내용을 살펴보면 다음과 같다.

경인(庚寅, 1770년) 5월 나는 둘째아들의 임지인 부안에 있었다. 친구인 임성여任聖與가 마침 정읍의 수령으로 있다가 부안으로 나를 찾아왔으므로 함께 격포를 유람했다.

(중략)

다시 한 포구를 갔고, 포구를 또 지나 긴 둑방을 올랐다. 둑방 옆에 돌이 어지럽게 쌓여 있었다. 이곳이 격포 만하루挽河樓 앞이다. 밤 이경에 가마에서 내려 숙소에 들었다. 집이 자못 널찍하였는데, 포진浦鎭의 군교들이 거처하는 곳이라 했다. 포진의 장수 한변철韓弁哲이 나와 인사를 했다. 저녁밥을 먹고 나니 이미 삼경이었다. 잠자리에 들어 곯아떨어졌다.

새벽에 일어나 창문을 열었다가 나도 모르는 사이에 탄성을 질렀다. 산과 바다의 승경이 눈에 가득했던 것이다. 어제는 어두운 안개 속에 있던 것이 아침이 오자 활짝 개어 문득 새롭게 보이니 더욱 기이하고 환상적이었다.

밥을 급히 먹고는 만하루에 올랐다. 만하루는 진영鎭營 장수의 관아 앞에 있었다. 어제 거쳐 왔던 긴 둑방은 바로 그 앞에 있었다. 둑방 왼쪽에서는 조수가 넘실댔고, 오른쪽 넓은 비탈에는 물이 가득하였다. 비탈 바깥쪽을 빙 두른 산들에는 성긴 소나무들이 드문드문 서 있었다. 오른쪽으로 산허리를 바라보니 오래된 홰나무 몇 그루가 구름이 모인 듯 울창한 곳에 전각의 모서리가 우뚝 솟아 있었으니, 행궁行宮이었다. 또 조금 동쪽의 뾰족한 봉우리들이 구름에 잠겨있어 가마를 타고 올라보았다.

정상은 야트막한 담장으로 둘러싸여 있었다. 문에 들어서니 온갖 돌들이 높은 대를 이루고 있었고 누대 앞은 다섯 봉우리의 봉화대가 쭉 늘어서 있었다. 누대에 올라 서쪽을 바라보니 넓고 넓은 푸른 바다가 하늘에 닿을 듯 끝이 없었다. 남쪽과 북쪽도 마찬가지였다. 아침 해가 비치니 찬란한 은빛으로 빛나서 위도에 있는 일곱 산(七山)을 지적할 수 있었으나, 모두 분별할 수는 없었다. 멀리 검은 콩 같은 몇 개의 점이 보이는데 모두 고기잡이배라 했다. 황홀하고 괴이하여 내 몸이 진짜 신선이 되어서 구름 밖에서 높이 나는 것 같았다. 눈이 아찔하고 다리가 후들거려 오래 머물 수 없으므로 서로 옷을 잡으며 아래로 내려왔다. 임성여가 '고요한 밤 삼만 리 파도, 밝은 달에 지팡이 휘두르며 하늘서 내려오네'라며 왕양명의 시를 읊었다.*

실록의 기록을 더 살펴본다.

* 강세황 지음, 박동욱 · 서신혜 역주,《표암 강세황 산문전집》, 소명출판, 2008, 29~32쪽.

격포진의 조창漕倉에서 받은 조세미租稅米를 배로 운반할 일을 위도蝟島와 고군산古群山 두 진장鎭將이 돌려가며 책임지고 실어 나르게 하라고 명하였다. 전라감사全羅監司가 장계狀啓로 청함으로 인하여 묘당廟堂에서 아뢰었기 때문이다.*

변산반도의 서쪽을 받침하고 있는 격포항은《동국여지승람》에서 다음과 같이 소개하고 있다. "조수가 들어오면 아름다운 호수를 이루고 조수가 빠지면 고운 백사에 몸을 품는다."라고 하였다. 또한 인조 때에는 "영領을 두었고 후에 별장을 보내어 바다를 지켰는가 하면 둑을 쌓아 물을 저장하기도 했다."라고 하였다.

격포항은 1987년에 국가 1종항으로 승격되어 항만 시설들이 속속 들어서 방파제 610m, 물량 장 300m^2, 호암 165m 주변 준설 17.500m^2 등을 완료하였고, 항내 면적 24.400m^2와 정박 면적 12.400m^2가 확보되어 10톤급 어선 560척을 수용할 수 있는 항구로 변모하였다. 해안 매립지에 격포 어촌계에서 직판장을 마련하고 있는 부안수산업협동조합에서도 수산물 종합판매장 횟집단지 등을 건립하여 항구로서 갖추어야 할 조건들을 모두 갖추고 있다.

---

* 二十七日. 命格浦鎭漕倉捧稅船運等節, 使蝟島, 古群山兩鎭將, 輪差擧行. 因完伯狀請, 有廟啓也.《조선왕조실록》15책 11권 9장 B면〈국편영인본〉 1책, 441쪽)

5부

잊혀져서 잃어버린
산성들

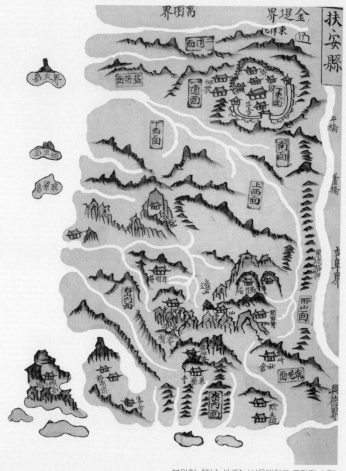

부안현, 《지승 地乘》, (서울대학교 규장각 소장)

의상산성 義湘山城

절벽과 석축 그리고 천혜의 요새

삼국시대에서 고려시대 | 포곡식 | 하서면 백련리, 변산면 경계 지역

의상산성은 부안군에서 우금산성 다음으로 알려진 전투 산성이요, 석성으로 남아 있는 산성이며, 기단과 무너진 잔해가 잘 보존된 산성이다. 기암절벽에 연결된 석성으로 '부사의방장不思議方丈'과 '의상사지터'(현 전주 이씨 묘지), '손 처사굴' 등 이미 알려진 장소와 함께 이름 없는 절터, 그리고 사람들이 거주했던 흔적을 찾아볼 수 있다.

산성의 조망과 전초기지

의상산성은 하서면 백련리와 청림리, 변산면 경계에 있는 의상봉(해발 509m)과 의상봉의 북쪽 계곡을 에두른 산성이다. 산성의 둘레는 2,000m 내외로 남북으로 긴 타원형이다.

산성은 의상봉의 남쪽을 기점으로 동과 서의 능선과 계곡을 잇는 포곡식이다. 성벽은 북쪽의 계곡에만 석축하고 나머지 구간은 자연

부사의방장에서 바라본 변산

지형을 그대로 활용한 것으로 보인다. 문지는 북쪽 석축부의 중앙에 있다. 또한 문지의 옆에 원호를 그리며 석축을 둘러 성문 방어를 위한 옹성처럼 보인다.

의상산성 성내 평탄지인 의상암義相庵지에 직경 2m가량의 원형 우물과 지형이 낮은 문지 근처에 직경 4m 내외의 원형 우물이 있다.

성내 남쪽과 동쪽 능선에 있는 평탄지에 통일신라에서 조선시대의 기와편과 토기편이 흩어져 있고, 삼국시대 유물이 일부 보이며, 건물의 초석과 기단석도 일부 남아 있다. 독특하게 성내에 암자터가 세 곳이 보인다. 신라 때 진표율사眞表律師가 기거했다는 '부사의방장'은 남쪽 절벽을 깎아 협소한 대지에 세웠다. 이곳에서 통일신라에서 고려

의상산성 일부는 원형에
가깝게 남아 있다.

의상산성 동쪽의 성곽

의상산성이 무너져
내린 모습

집터, 절터 형태의 자리에서 기와와 함께 13세기 것으로 보이는 도자기들이 많이 발견된다.

시대 연간의 기와편과 토기편이 확인된다. 여기서 동쪽으로 20m가량 떨어져서 석굴이 있는데, 이 석굴과 석굴 앞에서 초석과 같은 건물 흔적과 기와편이 발굴되었다. 이로 볼 때, 의상산성은 삼국시대에 축조되고 여러 차례 개보수를 거쳐 조선에서도 사용된 것으로 보인다. 의상산성의 기록은 찾아보기 힘들다. 현장을 여러 번 찾아 조사한 결과, 사찰터, 주택 자리, 기와, 자기류, 갈탄의 자리는 변산에서 찾을 수 있었고 의상산성 주위에서도 자주 목격되었다.

의상산성에 오르면 만경강과 동진강 그리고 새만금 해역이 한눈에 보인다. 이는 내륙으로 들어오는 적을 방어하기 좋은 위치에 산성을 축조했을 가능성이 높다. 의상산성에서 동쪽으로 4.5km 지점에 우금

의상암 자리에 위치
하고 있는 전주 이씨
묘지

산성이 있다. 의상산성 역시 우금산성의 축성법과 형태가 비슷한 것
으로 보아, 바닷길로 우금산성에 진입하려는 적을 막기 위한 전초기
지였을 것으로 보인다. 의상산성이 있는 일대는 변산반도국립공원으
로 지정되었다.*

의상봉과 의상암터, 부사의방장

의상산성이 위치한 의상봉義湘峯은 변산면 중계리와 하서면 백련리
경계에 있는 산으로 높이는 510m이다. 호남 5대 명산인 변산의 최고
봉이다. 현대 지형도에 '기상봉'으로 표기된 것은《조선지형도》(부안)
에 기재된 의상봉倚上峯에서 '의지할 의(倚)' 자를 '험악할 기(崎)' 자로
잘못 옮겼기 때문으로 보인다. 의상이라는 명칭은 신라 의상대사(義
湘大師, 625~702년)가 이곳에 의상사라는 절을 세웠다고 하여 유래한
지명이라고 전해지는데, 산 동쪽 기슭에 의상암터가 있다. 동남쪽 절
벽에는 진표율사가 수도했다는 '부사의방장'이 있다. 현재 정상에 군
사시설이 들어서 있어서 일반인들의 출입이 통제되고 있다. 의상봉을

* 《2020년 부안성곽학술조사》, 부안군, 2020, 108쪽.

중심으로 관음봉(433m), 옥녀봉(355m), 쌍선봉(459m) 등 400m 이상의 산들이 변산반도국립공원의 내변산을 이루고 있다.

신라 때 의상대사가 창건했다는 의상암터에는 아직도 주춧돌들이 남아 있고 주변에 격자문양, 빗살문양, 무문 기와편이 흩어져 있다. 게다가 창건 당시 만든 산꼭대기 우물도 훼손 없이 보존되어 천 년 세월을 간직하고 있다. 의상암은 지금은 사라졌지만, 지월당 김극기*의 시에서 엿볼 수 있다.

> 기묘한 바위가 만 겹으로 기대며 층층이 공중에 솟아
> 위로 구름 끝에 닿으니 길이 비로소 막혔구나
> 홀연히 의상의 여운이 있기에 기쁜데
> 오래 된 잣나무 하늘 높이 늘어서 어둠 속 바람에 읊조린다.**

부사의방장은 고려 태조 왕건王建의 이야기와 이어진다. 통일신라가 쇠약하자 궁예弓裔는 898년 송악에다 서울을 정하고 반기를 든다. 901년 스스로 왕을 자칭하고 후고구려라 부르다가 904년에 새로운 나라를 세워 국호를 '마진摩震'이라 하고 철원으로 천도했다. 궁예는 강원, 경기, 황해의 대부분과 평안, 충청의 일부를 점령하고 왕건에게 수군을 주어 금성錦城을 점령하고 해상권을 손에 넣는다.

---

* 김극기(1379~1463년)의 본관은 광산, 자는 예근禮謹, 호는 지월당地月堂이다. 고려가 망한 뒤 세상일을 잊고자 이름난 산수를 찾아 시작詩作으로 소일하였다. 수많은 시를 남겼다.
** 奇巖萬疊倚層空 上到韻端路始窮 忽喜相師餘韻在 參天古柏慕吟風 (《국역 부풍승람》, 부안교육문화회관, 2021, 218쪽)

궁예는 국력이 강해지자 미륵불彌勒佛을 자칭하고 관심법觀心法에 따라 마군魔軍이라 하여 많은 사람을 죽이고, 민생을 도탄에 빠지게 하였다. 이에 부하들의 이반이 일어났고 장군 신중겸, 홍유, 복지겸, 배현경 등이 왕건을 추대하였고, 궁예는 도망하다가 평강 땅에서 피살된다.

처음에는 궁예를 따르다가 왕건 추종으로 돌아섰던 석총대사가 있었다. 석총은 진표율사의 법맥을 계승한 제자인데, 미륵불을 자처한 궁예의 요망함을 신랄하게 비판하다가 결국 궁예의 철퇴에 맞아 죽임을 당한다. 석총이 죽기 전에 왕건에게 전해준 것이 진표율사의 가사와 간자簡子였다. 여기서 등장하는 진표율사가 바로 부안 변산 '부사의암不思議庵(부사의방장)'에서 삼업三業을 수련하고 계를 받은 통일신라 후반 불교 대중화를 이끈 고승이다. 부사의방장은 이렇게 고려 건국과 이어진다.

실로 변산은 불교 역사상 세계에서 손꼽히는 고승들이 머무른 곳이다. 진표는 부사의암에서, 원효는 우금바위 중턱 원효방에서, 의상은 변산 제일봉 아래 의상암에서, 부설거사는 쌍선봉 아래 월명암에서 수행하여 모두 득도했다. 변산은 불교의 영산이며 성지였다고 할 수 있겠다.*

의상암지에서 남쪽으로 100m쯤 가면 절벽 중턱에 '손 처사굴'이 있다. 여기서 서쪽으로 300m쯤 암반 길을 오르면 고사목 옆 낭떠러지 중턱에 부사의방장이 있는데, 높이 약 80~90m에는 가로 뻗은 기암절벽이 늘어서 있다. 절벽은 600m의 만폭병풍滿幅屛風처럼 거대한 편마암으로 이루어졌다. 밧줄을 타고 약 13m 절벽으로 내려가면 아

* 유종남,《부안군 변산반도》, 부안군 애향운동본부, 2003, 117쪽.

쩔한 낭떠러지에 비좁은 부사의방장이 모습을 드러낸다.

고려 문신 이규보는 부사의방장의 위용을 이렇게 읊었다.

무지개 사다리가 발밑에 뻗쳐 있으니

몸 돌려 만 길 아래로 애써 내려간다네.

지인은 이미 죽고 자취도 없는데

옛집은 누가 돌보는지 지금까지 그대로라네.

장륙*은 어느 곳에 나타나는가

대천**도 이 속에 감출 만하네.

완산에서 관리로 그럭저럭 지내는

망기객***은 손 씻고 와서 한 줌의 향 사르네."****

당시 변산의 벌목 책임자로 왔던 이규보는 부사의방장을 찾아가는 험로와 진표율사의 진용에 참배한 일을 일기에 자세히 기록했다.

이른바 부사의방장이 어디에 있느냐고 물어 구경하여 보니, 그 높고 험함이 원효의방장보다 만 배나 더했다. 높이가 백 자쯤 되는 나무 사다리가 바로 절벽에 의지해 있는데 삼면은 다 헤아릴 수 없는 구렁이라, 몸을 돌

---

* 장륙은 1장 6척一丈六尺이 되는 불상이다.

** 대천은 대천세계大千世界로 광대무변한 세계를 말한다.

***망기객은 기심機心, 곧 세속에 대한 생각을 잊은 사람을 일컫는다.

****虹蝀危梯脚低長, 回身直下萬尋疆. 至人而化今無跡, 古屋誰尚不僵. 丈六定從何處現, 大千猶可箇中藏. 完山吏隱忘機客, 洗手來焚一瓣香. (《국역 부풍승람》, 부안교육문화회관, 2021, 220쪽)

이켜 층층을 헤아리며 내려가야 방장에 이를 수 있으니, 한 발만 실수하면 다시 어쩔 수가 없다. 내가 보통 때에도 한 대臺나 누樓에 오를 때 높이가 그리 높지 않아도 신경이 약한 탓인지 머리가 아찔하여 밑을 내려다볼 수 없었는데, 이에 이르러서는 다리가 와들와들 떨려서 들어가기도 전에 머리가 빙빙 돈다. 그러나 예전부터 이 승적勝跡을 익히 들었다가 지금 왔는데, 만일 그 방장에 들어가서 진표대사의 상에게 예하지 못한다면 뒤에 반드시 후회할 것이다. 이제 기다시피 내려가니, 발은 아직 사다리에 있으나 몸은 하마 굴러 떨어지는 듯하면서 마침내 들어갔다.

마천대 동남쪽 아래 기암절벽 중턱에 예부터 많은 고승이 머무르던 자연동굴이 있다. 언제 지어진 이름인지는 모르나 '손 처사굴'이라

외부와 안에서
본 손 처사굴

부르고 있다. 굴은 길이 15m이고, 높이 약 4m, 입구 폭은 8m쯤 된다. 굴 천장 한쪽에 물이 사시사철 떨어지니 식수 걱정은 없겠다. 거대한 암벽에 자연동굴이라니 불가사의했다. 이곳 손 처사굴에 얽힌 전설이 있다. 손씨 성姓을 얻은 처사(處士, 불가에서 남자를 부르는 말)가 수제자를 이끌고 굴에 들어와 둔갑술을 터득하고자 백일을 작정하고 단식 정진했지만 뜻을 이루지 못하자, 더하여 백일기도를 시작했다. 수제자들이 이런 처사를 보니 피골상접하여 생명이 위험하여 거짓말을 했고, 제자들의 어리석은 거짓을 보고 손 처사는 자신의 정성이 부족해 하늘이 자신을 버렸다고 탄식했다는 이야기가 내려온다.

두량이성 豆良伊城

기록과 문헌에만 남은 산성

삼국시대에서 고려시대 | 포곡식 | 보안면 남포리 용사마을, 상서면 감교리 유정마을 경계

두량이성은 역사학자들 사이에 그 위치와 실체가 논란이 되는 곳이다. 필자는 두량이성을 상서면 감교리의 주류성(우금산성) 근처인 현재의 매복재산이 위치한 곳으로 본다. 사산리산성(도롱이뫼산성)과 1km 이내에 있다. 지형과 지리가 역사 기록에 부합하고, 주변 방어 산성들의 분포와 현장 조사, 고지도와 현대 지도의 비교를 통해서 어느 정도 확신하고 있다.

두량이성 정상에서 보면 서북쪽에 주류성, 북쪽에 사산리산성, 동쪽에 소산리산성과 부곡리토성이 보인다. 고부 두승산의 고사부리산성까지도 연락을 취할 수 있는 거리에 있다. 백강 전투와 백촌강의 지리적 위치와도 일치한다.

위에서부터 보안면 남포리 사창마을에서, 상서면 감교리 봉은마을에서, 겨울날의 두량이성

해안과 내륙의 방어 산성들

주류성과 방어 산성의 관계에 대하여 최진성 박사는 다음과 같이 당시 백제부흥군의 전략으로서 주류성과 마지막 방어선이었던 두량이성과의 관계를 설명한다.

주류성은 변산반도의 높은 산지를 등지고 앉아 내륙의 평지와 해안을 함께 내려다보는 형세라서 조망이 탁월하였다. 또한 주류성은 외적으로부터 직접 공격당하는 것을 막기 위해 그 외곽에 산성들이 겹겹이 위치하고 있다. 주류성 인근 두포천 하구 주변에는 구지리산성, 염창산성, 수문산성, 용화동산성, 반곡리산성, 부안진성(상소산성), 그리고 동진강 하구의 백산성 등은 해안으로부터 접근하는 적들을 경계하고 막는 역할을 했다. …… 또한 갈령도(현 칠보면 구절재) 고개를 넘어오는 신라군의 길목을 차단하기 위해서 태인 인근의 산성들이 있었다. 이 가운데 주류성과 상소산성, 의상봉산성만 석성石城이고 나머지는 모두 토성土城이었다.*

최진성 박사는 또한 1750년대 제작한 《해동지도》를 살펴서 하서만을 통해 주류성 아래까지 물길이 있었음을 확인하였다. 이는 도롱이 뫼산성과 두량이성이 주류성에 아주 가까웠고, 백강 전투에 대한 역사 기록을 반증하는 자료로 봐도 좋을 것이다.

이처럼, 해안과 내륙에 걸쳐 주류성을 방어하기 위한 산성들이 위치했고, 이런 주류성의 입지로 인하여 신라의 품일 장군은 여러 곳의 방어용 전초기지 성들을 벗어나는 데 공격력을 소진하게 되었다. 결국 마지막 두량이성에서 한 달 넘게 공격을 했지만 실패하고 만다.

지도로 본 매복재산

지도에서 보듯이 주류성과 두량이성 위치는 거의 차이가 없다. 도롱

---

* 최진성, 《주류성과 백강의 장소 정체성》, 대한지리학회, 2007, 124~138쪽.

두량이성 침공과 고사비성의 관계도. 옛 기록으로 본 두량이성(전영래, 《백촌강에서 대야성까지-백제 최후결전장의 연구》, 신아출판사, 1996)

하서만에서 유정자 앞까지의 물길(해동지도海東 地圖 부안현 부분, 서울대학교 규장각 소장)

이뢰산성이 바로 사산산성이며, 두량이성은 보안면의 경계 지역인 매복재산이다. 해수면이 13m 상승하면 상서면 감교리의 주류성과 사산 저수지, 두량이성까지 배가 충분히 도달할 수 있고 해상 전투도 가능하다. 매복재산을 살펴보면 주류성과 사산리산성 뿐만 아닌 줄포만으로 들어오는 배가 보안면 남포리 사창* 바로 아래에 댈 수 있다. 1918

---

* 보안면 남포리 사창마을은 세곡을 갈무리하던 곳이다. 《고려사》79권 〈조운漕運〉 조

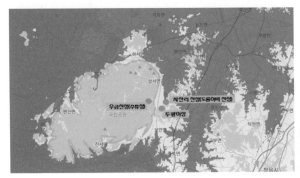

년 조선5만분의지형도에서는 복지동의 산으로 기록되어 있다.

두량이성의 위치와 역사적 배경

두량이성은 부안에 있다. 산성의 위치와 산성의 존재를 인정하는가에
대해 학계에서 많은 논쟁이 있다. 필자가 확인해 본 결과, 산성의 위
치와 존재에 대한 문헌은 많았다.

전영래 교수의 논문에 실린 위 지도에서는, 주류성, 도롱뫼성(사산
리산성), 두량이성과 고부의 고사비성과의 거리, 줄포-부안의 거리, 그
리고 성의 위치를 살펴볼 수 있다.

백제 지방 성곽의 배치구조는 오방성五方城을 중심으로 이루어졌
다.《괄지지括地志》에 의하면, 오방五方은 중국의 도독都督과 같은 것
으로서, 방마다 10개 또는 6~7개의 군을 두었다고 했다. 또한 방성方
城은 모두 험한 산에 의지하여 쌓았으며, 많게는 1,000여 명에서 적게

에 따르면, 고려 초에 보안현에 안흥창安興倉을 두었다고 한다. 안흥창은 지방의 세
곡을 거두어 저장하는 조운창漕運倉의 하나였다. 이 사창은 조선시대 부안에 다섯 사
창이 있었는데 그 중 하나다.

두량이성에서 본 우금산성

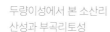
두량이성에서 본 소산리
산성과 부곡리토성

는 700~800명이 주둔하였는데, 좌우에는 역시 작은 성이 있으나 모두 방성이 관할한다고 되어 있다.

　백제의 중방성으로 알려진 고사부리성 주변에는 7~8개의 테머리식 산성이 방사상으로 둘러져 있으며, 이후 임시 왕성으로서 경영되어진 주류성(우금산성) 주위에도 방어진지 또는 테머리식 산성이 존재한다.

　전영래 교수는 주류성에서 동쪽으로 2.8km 떨어진 곳*의 입산笠山에 위치한 사산리산성을 두량윤(이)성-고사비성 전투와 관련 있다고 했다. 두량윤(이)성-고사비성 전투는 660년 7월 이후부터 661년 6월 사이 사비성 포위 공방, 백강(기벌포) 전투 등과 함께 나당연합군과 백

---

* 주류성과 두량이성과의 거리를 확인해 보면 20분 이내 뒷산(보안면 남포리 용사동마을 뒷산)의 거리가 정확하다.

제부흥군 사이에 벌어진 일련의 주요한 사건이었다. 여기에서 두량 윤(이)성 공격과 고사비성으로부터의 철수한 사건은 당나라군이 제외된 신라와 백제부흥군이 전투를 벌였던 역사적으로 중요한 사건이었다.

두량이성은 부안군 주산면에 있는 '사산'에 있다는 주장도 있다. 하지만 사산리산성은 분명 도롱이뫼산성이고 그 옆의 매복재산이 두량이성이 맞다.

개암사 뒷산에 있는 주류성 우금바위에 올라 고부 쪽을 바라보노라면 바로 발아래에 삿갓 모양의 산(해발 100여 미터) 하나가 누워 있고, 그 산 너머의 들판이 고부로 이어져 있다. 오늘의 지도에는 삿갓 입(笠) 자를 써서 '입산笠山'이라고 표기해 놓았다. 그러나 이 지역 사람들은 이 산이 도롱이를 닮았다 하여 '도롱이뫼'라 부르며, 한문으로 도롱이 사(簑) 자를 써서 '사산簑山', 또는 '뉘역뫼'라고 부른다. 패망한 백제 역사는 당, 신라, 일본에 의해 쓰였다. 그러니 우

두량이성의 성곽 자리와 정상 부근의 집터 자리

리 말 '도롱이뫼'를 한문으로 옮길 때 '두량이료良伊'로 표기했을 개연성은 높다. 실제로 이 산 정상에 토루 흔적이 아직도 남아 있다. 백제군이 주류성의 전방 진지인 이 천혜의 요새를 지키며 시간을 끌자, 나당연합군은 식량이 떨어져 위기에 처한다. 백제군은 이 사산에 이엉을 엮어서 낟가리처럼 쌓아놓고 군량미를 많은 것처럼 위장하여 전투에서 승리했다는 이야기가 전해져 온다. '뉘역뫼'라는 이름도 이 이야기에서 비롯되었다고 한다.

이를 뒷받침하는 구전이 또 있다. 주산면 사산리 산돌마을 동쪽을 '맷돌리'라고 부른다. 백제군이 이 마을에 진을 치고 신라군과 대치했는데 마을 뒷산에 보릿짚으로 이엉을 엮어서 쌓아 노적가리인 양 위장했고 산 밑에서는 큰 맷돌을 돌려 이 소리가 멀리 들리게 했다. 이렇게 군량미가 충분하고 병사가 많다고 보이게 하여 신라군의 사기를 떨어뜨려서 백제군이 승리를 할 수 있었다는 이야기다.

신라가 총력전을 편 두량이성 진공 작전은 실패로 돌아갔다. 마찬가지로 곤경에 처한 당군을 지원한다는 명분으로 대병을 출병시켜서 백제에 근거지를 선점하고 당군의 기세까지 꺾어보려는 김춘추의 전략은 실패로 끝난 것이다.

660년부터 백제가 완전히 망한 663년까지 부안의 동진강 하구(백산성 포함), 계화도, 대벌리, 창북리 연안, 상서 일대, 사산, 베멧산 등 부안 일대는 당, 신라, 일본, 백제 네 나라의 국제적인 전쟁터였던 것이다.

두량이성 위치에 대한 기록
《삼국사기》 14대 태종무열왕 편의 661년 "백제의 잔적이 사비성을 공격했다"라는 기록을 따라 두량이성 위치에 대한 학계의 논쟁을 살펴보자.

왕은 이찬 품일을 대당 장군으로 임명하고, 잡찬 문왕과 대아찬 양도와 아찬 충상 등으로 하여금 그를 돕게 했다. 또한 잡찬 문충을 상주 장군上州將軍으로 임명하고, 아찬 의복義服을 하주 장군下州將軍으로, 무흘武欻과 욱천旭川을 남천 대감南川大監으로, 문품文品을 서당 장군誓幢將軍으로, 의광義光을 낭당 장군郎幢將軍으로 삼아 가서 구원하게 하였다.*

3월 5일, 중도에 이르자 품일이 자기 군사의 일부를 나누어 두량윤['윤'을 '이'라고도 한다.]성 남쪽에 먼저 가서 진지를 만들 곳을 살펴보도록 하였다. 백제 사람들은 우리 진영이 정리되지 않은 것을 보고, 갑자기 예상하지 못한 급습을 해왔다. 우리 군사들이 놀라 패주하였다.**

12일, 대군이 고사비성 밖에 와서 진을 치고 있다가 두량윤(이)성을 공격하였으나, 한 달 엿새가 되도록 승리하지 못하였다.***

4월 19일 군사를 철수하면서 대당大幢과 서당誓幢이 먼저 가고 하주下州의 군사는 뒤에 따라오게 했는데, 빈골양賓骨壤에 이르러 백제군을 만

* 阿湌〈義服〉爲〈下州〉將軍, 〈武欻〉, 〈旭川〉等爲〈南川〉大監, 〈文品〉爲誓幢將軍, 〈義光〉爲郎幢將軍, 往救之.
** 三月五日, 至中路, 〈品日〉分麾下軍, 先行往〈豆良尹[一作伊.]城〉南, 相營地. 〈百濟〉人望陣不整, 猝出急擊不意, 我軍驚駭潰北.(《삼국사기》 5권, 〈신라본기〉 제5, 태종무열왕)
*** 十二日, 大軍來屯〈古沙比城〉外, 進攻〈豆良尹城〉, 一朔有六日, 不克. (《삼국사기》 5권, 〈신라본기〉 제5, 태종무열왕)

나 싸워 패하여 물러났다. 죽은 사람은 비록 적었으나 병기와 짐수레를 잃어버린 것이 매우 많았다.

상주上州와 낭당郞幢은 각산角山에서 적을 만났으나 진격하여 이기고 드디어 백제의 진지에 들어가 2천 명을 목 베었다. 왕은 군대가 패하였음을 듣고 크게 놀라 장군 금순金純, 진흠眞欽, 천존, 죽지를 보내 군사를 증원하여 구원케 하였으나, 가시혜진加尸兮津에 이르러 군대가 물러나 가소천加召川에 이르렀다는 말을 듣고 이에 돌아왔다.

왕이 여러 장수들이 싸움에서 패하였으므로 벌을 논하였는데, 각기 차등 있게 했다.

3월 5일 기록에 보이는 두량윤(이)성은 문헌 사료와 고지도 등의 검토를 통하여 현재 충남 청양 정산에 위치하고 있는 계봉산성으로 비정한다. 또한 고사부리성 밖에 군영을 설치하고 정산에 비정되는 두량윤(이)성을 공격한다는 것은 너무 먼 거리로 이치에 맞지 않는다고 하여 고사비성古沙比城의 옛 사비성의 한자 표기인 고사비성古泗沘城의 오기로 보는 견해도 있다.* 하지만 고사비성古沙比城은 백제 사비 시대 지방 행정단위의 성격인 5방五方 중 중방中方 고사古沙**가 현재 정읍시 고부면 성황산에 위치하고 있는 고사부리성古沙夫里城이었다는 것에는 큰 이견이 없는 듯하다.

---

* 심정보, 《백제의 멸망과 부흥운동》〈백제 부흥운동의 전개〉 백제문화사대계 연구총서(百濟文化史大系 硏究叢書)》6, 2007, 169쪽.
** 《삼국사기》 권제7 〈신라본기〉 제7 문무왕 십일년 기록.

3월 12일 기록에서도 백제부흥군이 신라군을 고사(古泗, 古沙比城)에서 패배시켰다는 것으로 보아 고사비성(고사부리성) 일대에서 전투가 이루어졌음을 알 수 있다.

또한 4월 19일 기록에서는 신라군이 두량윤(이)성을 공격하였다가 후퇴한 퇴각로에서 빈골양賓骨壤, 각산角山, 가소천加召川이라는 지명이 등장한다. 빈골양과 가소천은 《삼국사기》와 《조선왕조실록》을 통해서 그 위치를 대략적으로 알 수 있다.*

김부식의 《삼국사기》 지리지 부여군 속현 중에 "열성현 백제열사현 경덕왕개칭 금정산현悅城縣 百濟悅巳縣 景德王改稱 今定山縣"이라는 내용이 보이는데, 다음 지리지(4)에서는 "열사현 일운 두릉윤성. 일운 두관성. 일운 윤성悅巳縣 一云 豆陵尹城. 一云 豆串城. 一云 尹城"이라고 적어 놓았다.

안정복安鼎福은 《동사강목東史綱目》에서 "두량윤성豆良尹城은 지금의 정산定山"이라고 하였으나 "고사비성古沙比城은 미상"이라고 했다.

그런데 신라군의 공격 목표가 두량이성이 아니라 주류성(부안 위금암산성)이었다고 나타난다. 여기에다가 고사비성(정읍 고부)과 나중에 신라군의 퇴각하던 경로인 빈골양(정읍 태인) 등을 고려하면 두량이성은 주류성의 외성**을 의미하는 쪽에 무게가 실린다.

만약에 나·당군이 앞선 '웅진강구 전투'에서 패배한 후 퇴각한 백제군

* 최완규, 《백제의 중방문화 고사부리성에서 찾다》 〈백제 중방성 고사부리성〉, 정읍시립박물관 제5회 기획특별전, 2013.
** 최병운, 《전북역사문헌자료집》 〈삼국시대 · 남북국시대 · 고려시대〉 편, 전라북도, 2000, 14쪽.

을 따라 임존성을 공략하였다면 두량이성은 정산으로 볼 개연성도 있다. 하지만 백제 사비시대 이래 '중방 고사성'이었던 고사부리(고사비=고사, 정읍 고부)란 명확한 지명이 나오는 상황에서 두량이성을 정산으로 보는 것은 지정학상 문제점이 되지 않을 수 없다. 그렇다고 두량이성 자체가 주류성이 될 수도 없으니, 이는 중방 지역 내인 고사성 주변과 연계된 지역에서 찾아야만 할 것이다.*

위의 기록들처럼 두량이성은 분명 주류성(우금산성) 앞과 사산리산성을 근거리에 두고 있으며 현 지명은 상서면(죽엽쩜질방 뒷산)과 보안면(용사동마을 뒷산) 사이에 있는 매복재산이다.

---

* 김병남,《기록인(IN)》30호, 〈백제의 마지막 흔적, 주류성을 가다〉, 국가기록원, 2015, 57쪽.

당하리산성 當下里山城

당북산 장군바위 위엄을 담다

삼국시대 | 평지식 | 전북 부안군 동진면 당하리(당북산)

당하마을 유래

당하마을은 동진면사무소에서 서쪽으로 3.5km 지점에 위치하고 있는 농촌 마을이다. 고려 충혜왕 때 당북산 아래에 장암리라는 마을이 있었는데 나라에서 당북산의 산세와 산맥을 보아 몇 년 후 역적이 나온다는 풍수지리설에 의하여 장암마을 사람들을 쫓아내고 집을 불살라 버렸다. 이후 이곳에 살았던 경주 이씨와 전주 이씨가 현재의 당하마을로 숨어들어와 살았다고 한다.

그때 당시 마을 사람들은 어업을 주로 하며 살면서 당북산 정상에 당집을 세워 고기잡이배가 나가거나 들어오면 당집에 북을 쳐서 알려주고 풍랑을 헤치며 만선으로 돌아오라는 기원까지 했다고 전한다. 한쪽으로는 산 중턱에 도자기 굽는 터를 만들어 도자기 등을 제조하여 생활을 영위하였는데, 일제강점기에 일본 사람이 도자기류 등을

당상마을에서 바라본 당후리 방면

가져갔으며, 지금도 당북산에서는 그 당시 도자기 만든 흔적을 볼 수 있다.

마을 이름은 당북산 주위에 있다고 하여 당북리로 불리다가 일제 강점기에 와서 일본 사람들이 당북산 정상에 올라 산세를 파악하니 장군이 누워있는 듯한 큰바위(장군봉)가 있고 장군봉 주위에는 가뭄이 심한 때인데도 마르지 않는 우물이 있는 것을 봐서 훗날 훌륭한 인재들이 나타날 것이라 하여 산맥을 모두 끊어버렸다. 그래서 당하마을 주변에는 작은 산들만 있다. 당북리라는 마을 이름도 당집 아래에 있는 마을이라 당하리라고 이름을 붙였다 한다.

당하마을 남쪽에는 자그마한 연못이 있었는데 마을 사람들은 연못에서 고기도 잡고 연못 옆의 모정에서 연꽃 등을 구경하며 생활하다가, 1968년 동진강 도수로가 나면서부터 논으로 바뀌어 현재까지 경작하고 있다.

역리, 상소산, 당하(후)리
(1918년 조선5만분의지형
도). 당하(후)리는 현재 당중
리 뒷산.

장군봉과 독널무덤

당하마을 뒷산 장군봉에서 윤덕향 전 전북대 교수가 독널무덤을 발굴
하였다. 이에 대한 고고인류학적인 고증의 내용을 1990년 2월 24일
자 전북일보 발표문에 소개하였는데, 부안읍에서 변산해수욕장 방향
으로 3.5㎞ 남짓한 곳에 당하마을이 있고 마을 뒷산에는 장군봉이 있
다는 내용이었다.

장군봉 정상에는 장군이 탄 말이 하늘로 날아오르면서 남겼다는
말 발자국 흔적이 있는 바위가 있다. 또 장군봉 아래에는 고인돌이 아
홉 개가 있는데 칠성바위로 부르는 탓으로 그 중 두 개는 보호를 받지
못하여 하부가 드러난 상태이다.

이 당하리 길 건너 산자락이 약간 높아졌다가 주변의 논으로 이어
지는 곳에 독널무덤이 있는데, 이 독널무덤은 적식으로 조사된 것을
수습한 것이다. 독널무덤에는 항아리를 한 개 또는 세 개를 사용한 것
도 있으나, 두 개로 널을 만들어 무덤을 만드는 것이 보통이다. 당하
리에서 조사된 것도 항아리 두 개를 눕혀서 만든 것으로 항아리의 아

당하리 전주 이씨 재실과
7개의 지석묘

당하리 윷판바위(《부안군 문
화유산 자료집》, 139쪽)

가리를 서로 잇대어 길이를 길게 했다. 사용된 항아리 중 작은 것은
길이 43㎝에 아가리의 직경 22.5㎝이고, 큰 것은 길이 51㎝에 아가리
의 직경이 27.5㎝ 내외이다. 독널무덤에 사용된 토기의 표면 대부분
에는 작은 네모무늬(격자문)가 있다. 토기 색깔은 적갈색을 띠고 있으
며 질은 물러서 손톱으로 긁히는 정도이다.

두 개의 토기 중 작은 것은 동쪽에 놓여 있었고, 큰 것은 서쪽에 놓
여 있어 독널은 동서로 길게 자리하고 있었다. 이처럼 두 개의 토기가
아가리를 마주하고 있는 경우 머리는 작은 것에 놓여있는 것으로 여
겨진다. 즉 이 독널의 경우 머리를 동쪽에 두고 있었던 것으로 판단된

당북산(당하리 뒷산)의 장군바위

다. 동쪽이 해가 뜨는 방향이라는 점에서 태양숭배 사상을 반영하는 것으로 해석된다. 독널로 사용된 이와 같은 토기를 김해식토기라고 하는데, 이 같은 토기의 종류가 경남 김해 회현리 패총에서 처음 확인되었고, 중국의 영향을 받았다는 의미도 가지고 있다.

김해식토기 또는 지역 명칭을 대신하여 원삼국토기라고도 불리는 이 토기는 전북 남원시 송동면 세전리를 비롯하여 제주 여의동 유적, 고창 송룡아, 남원 황벌리, 군산 나운동 패총, 익산 화산리, 김제 청하 등에서 확인되고 있다.

당하리 당북산 관련 문헌
당하리 당북산과 관련하여 현재까지 남아 있는 자료와 문헌은 다음과 같다.

효열문孝烈門

군에서 북쪽으로 10리의 당상리에 있다. 부령 김채상과 그의 처 해주 최씨, 김우상의 처 밀양 박씨는 모두 효열로 정려를 명하였고, 고종 병술년에 건립하였다.* 증손 경술이 기문을 지었다.(《국역 부풍승람》, 부안교육문화회관, 2021, 175쪽)

모성재慕省齋

동진면 당상리에 있다. 병조참판 탐진 최영회의 묘각이다. 병인년에 중건하였다. 부사 김석희가 상량문을 짓고, 해관 윤용구가 편액을 썼다.(《국역 부풍승람》, 부안교육문화회관, 2021, 190쪽)

당후리산성堂後里(堂下里)山城**

당하리산성의 옛 지명은 당후리였다. 현재 당북산의 당하리산성에 대한 기록을 살펴보면, 동진면 염창산 동남방 당상리 당후부락과 용화동을 끼고 있는 높이 약 15m 내외의 ㄱ자형 대지를 감싸고 있는 토단성책지이다. 당하부락 뒷산은 이중으로 된 토단지가 있고, 그 서단에 서문지가 있다. 동서장 약 260m 남북 최대 폭 약 100m, 동남우에 남문지가 있다. 남문 내 고지에 고분2기가 있으며, 북방 약 200m 지점에도 2기의 봉분이 있었으나 계화간척지 취락단지 공사로 1977년도에 흔적도 없이 파괴되었다. 성내에는 백제말 토기편이 다수 출토된다.(《부안향토문화지》〈부안진성고〉편, 변산문화협회, 1980, 428쪽)

---

* 김채상 집안의 정려를 받는 과정에 대해서는, 김혁, 〈19세기 김채상 집안의 효자정려 취득과정〉, 《장서각제12집》, 한국학중앙연구원, 2004, 참조.
** 동진면 당후리는 지명에도 없다. 당시의 오타로 현재 당상리 당하마을로 정정하였다.

하입석토성 下立石土城

조산평야와 산기슭의 언덕

삼국시대 | 평지식 | 보안면 하입석리

하입석마을

부안군 보안면 하입석토성은 본래 부안군 입상면 지역이다. 이곳은 1914년 행정구역 통폐합에 따라 정동리, 수랑리와 송곡리, 석등리, 반평리, 군자동, 하림리, 판곡리, 덕성리의 각 일부와, 입하면의 하입석, 제내리의 각 일부와 건선면 대중리, 대동리의 각 일부 지역을 병합하여 하입석리下立析里라 하여 보안면에 편입되었다.

하입석마을은 보안면사무소에서 동쪽으로 3km 지점, 해발 10m에 위치한다. 북쪽에 선돌(上立石里, 웃선돌)이 있다. 하입석마을은 이 선돌의 아래쪽에 위치해 있다고 해서 하입석(下立石, 아랫선돌)이라 이름지었다고 한다. 전형적인 농촌마을로서 경지 면적은 논 44.8ha, 밭 24ha로 비교적 영세한 마을이다. 마을의 주 소득원은 쌀농사이며 토질이 좋아 보리, 땅콩, 고추, 참깨 등 여러 작물이 재배되고 있다.

위에서부터 하입석마을에서, 수랑마을에서 본 하입석토성, 그리고 겨울날 하입석토성

하입석토성과 분구묘

하입석토성은 마을 뒤 부령 김씨 민묘의 주위에 있다. 현장 조사 결과 대부분 농지로 변해서 토성의 흔적은 찾을 수 없었다.

하입석토성은 서해안고속도로 건설 당시 문화유적 조사에서 분구 묘*가 발견되었다. 기록에 보면, 보안면 하입석리 분구묘는 해발 28m

---

* 전북연구원 전북학연구센터, 《마한의 시작과 꽃을 피운 땅, 전북》(전북학 총서 3),

둥근바닥 물항아리(원삼국. 높이 14cm). 하입석 6호 분구묘 및 출토 유물 도면(전북대학교 박물관 소장)

둥근바닥짧은목항아리(높이 좌:18.5cm. 우측:16.5cm), 납작바닥큰항아리(높이 43cm)

내외의 동서로 길게 뻗은 구릉에 위치했고 분구묘 14기, 옹관묘 7기
가 구릉의 정상부와 동사면에서 확인되었다. 대체로 평면으로 한 변
이 개방되고 양쪽 모서리가 뚫린 형태에 가깝다. 매장 관련 시설은 확

2020, 104쪽.: 김중엽, 《전북지역 후기 마한 분구묘의 전통성》, 원광대학교 마한백제
문화연구소, 2020.

인되지 않았다. 발굴된 2호, 6호, 8호 분구묘의 주구 내에서 개배蓋杯, 직구소호直口小壺, 파수부토기, 장경호 등이 출토되어서 5세기에도 지속적으로 조성되었을 것으로 본다. 하입석리 분구묘처럼 군집을 이룬 유적에서 보면 개별 주구묘가 주구가 연접되거나 공유하면서 평면적을 한 단위로 이루는데, 이는 씨족 공동체적 성격이 강하게 반영되고 있기 때문이다.*

동진강 유역 마한 소국들

현재의 하입석리는 내륙이지만 동진강 지류를 따라 고부천에 근접하고 있다. 최근에도 폭우로 고부천이 범람하여 옆의 반평마을, 가분마을와 함께 하입석 앞까지 물바다가 되곤 했다. 고부천을 따라서 보안면, 줄포면, 흥덕면에 이르는 마을들은 정월대보름 전후에 당산제를 여는데, 바닷가 제사인 선창제가 현재도 남아 있다.

　　최완규 교수의 '마한 이야기'에서, 동진강 유역의 마한 소국으로 고부천이 들어있다고 하였다. 동진강 유역은 정읍시와 부안군의 전역, 김제시의 부량면, 봉남면, 죽산면 일대를 말한다. 이 지역 마한 소국들은 《일본서기》 권9 〈신공기 49년〉 조에서 살펴볼 수 있다. 왜가 신라와 가야 7국을 평정하고 백제를 복속하는 내용으로 구성되어 있다. 그러나 평정과 복속 과정은 '왜'에 의한 것이 아니라, '백제'가 근초고왕 대에 가야를 비롯하여 영산강과 동진강 유역의 서남해안에 진출한 역사적 사실을 바탕으로 윤색된

* 전북연구원 전북학연구센터, 《마한의 시작과 꽃을 피운 땅, 전북》(전북학 총서 3), 2020, 27쪽.

것으로 밝혀졌다.*

《일본서기》권9 〈신공기 49년〉 조에 나오는 '침미다례(忱彌多禮)' 정벌 기사 중에 '비리벽중포미지반고사읍比利辟中布彌支半古四邑'을 백제가 복속했다는 기록이 있다. 여기서 비리比利는 전주 혹은 부안, 벽중辟中은 김제, 포미지布彌支는 정읍 일대, 반고半古는 부안과 태인 일대로 말해지고 있다. 이와 함께 동진강 유역에 마한의 소국이 3개 정도 있었다고 한다. 부곡리, 신리, 대동리, 하입석리의 주구묘 유적에서 발견된 묘 형태와 유물들이 김제에서 발견된 유물들과 유사하여 마한 전기에 해당한다고 고고학에서는 이야기한다. 이런 고고학적 검토들은 부안 지역에 마한 소국들이 분포했음을 증거하고 있고, 동진강 유역에 있던 마한 소국들이 백제 때 중방 고사성으로 발전하는 근간이 되었을 것이다.

하입석리의 옛 지명을 찾아보면 아래와 같다.

·가마치배미 : 깐치배미.
·감토배미 : 아랫선돌 앞에 있는 논. 논배미가 탕건(감토)처럼 생겼음.
·깐치배미 : 마당배미 위쪽에 있는 논. 가마치(가물치)가 많았음.
·둥근배미 : 베개배미의 동쪽에 있는 둥근 논.
·똘배미 : 아랫선돌 남서쪽 도랑가에 있는 논.
·마당배미 : 똘배미 북쪽에 있는 논. 지형이 마당처럼 반반하게 되었음.
·모산 : 하입석 북동쪽에 있는 마을. 전에 띠밭이었음.

* 최완규, 〈동진강 유역의 마한 소국〉, 전북일보 2021년. 8월. 17일자 참조.

고부천 주위의 농지와 하입석토성(위), 서해안고속도로 옆 하입석토성(중간), 하입석토성의 정상부 주위의 농토와 부령 김씨 묘지(아래)

·무장짓골 : 모산 남쪽 골짜기에 있는 논. 물이 많으므로 무쟁기질을 함.

·무쟁깃골 : 무장짓골.

·반평 : 아랫선돌 동쪽에 있는 마을.

·방아새암 : 반평 앞들에 있는 샘. 물방아를 놓을 만큼 물이 잘 난다 함.

·베개배미 : 아랫선돌 동쪽에 있는 논. 논배미 위쪽이 베개를 비고 누운 것처럼 가로 놓여 있음.

·송곡 : 아랫선돌 동북쪽에 있는 마을. 깊숙이 들어가 있음.

·수랑 : 하입석 북쪽에 있는 마을. 마을 주위의 논에 수랑이 많음.

·수랑들 : 수랑 앞에 있는 수렁 들.

·아랫거태 : 하입석 아래쪽이 되는 마을.

·아랫선돌 : 하입석리.

·왜소잔등 : 하입석 뒤에 있는 작은 등성이. 기와를 구웠다고 함.

·용시암 : 반평 앞에 있는 샘.

·용시암평 : 용시암의 물로서 농사를 짓는 들.

·웃거태 : 하입석 위쪽을 이루고 있는 마을.

·정동 : 송곡 서쪽에 있는 마을. 전에는 소나무가 울창했던 곳인데, 고종 때 참봉 이현거가 이곳에 처음으로 집을 짓고 살면서 앞으로 조정에 나아가 큰 벼슬을 하겠다는 뜻에서 정동이라 했다 함.

·탕건배미 : 감토배미.

·통샛골 : 모산 뒤에 있는 논.

·하모산 : 모산 아래쪽에 있는 밭. 전에 모산의 아래쪽 마을로서 많은 사람이 살았다 함.

·한배미 : 모산 서쪽에 있는 큰 논배미.

·항시암 : 항시암배미에 있는 샘. 항아리를 묻었다 함.

·항시암배미 : 깐치배미 위에 있는 논. 항시암이 있음.

·홀태배미 : 감토배미 남쪽에 있는 논. 논배미가 벼훑이처럼 생겼음.

하입석리 유적은 하입석마을 뒤 구릉지에 위치한다. 옹관은 합구식과 단옹식용관이 여러 기 확인되었다. 주구로 추정되는 유구는 현재의 구릉 능선과 직교하는 북서·남동의 장축을 이루며, 길게 형성되어 보인다. 하입석리 유적지에서 대형 옹관이 출토되는 것으로 보아 분구분이 존재하였던 것으로 보인다.

6부

해안 초소이자 전령들의 기지,
해안 산성

부안현, 《해동지도 海東地圖》(1724~1776년, 서울대학교 규장각 소장)

장동리토성 壯東里土城

줄포만의 망루와 사라진 줄포항

고려시대 | 테뫼식 | 줄포면 장동리

부안군 줄포면 장동리에 있는 장동리토성은 '대산토성岱山土城'이라
고도 부른다. 줄포만 동북 방향 약 1.5km 지점의 정읍행 도로 동편에
속한 대산岱山(해발 42.8m)의 산정에 테머리식으로 두른 원형토성지이
다. 또한 장동리토성은 줄포항을 바라보는 천배산(줄포초등학교 뒤)에
위치하는데, 호벌치 회맹단*과 함께 정유재란과 관련된 토성이라고
보고 있다. 현재도 산성의 일부 모습을 볼 수 있다.

대산과 토성의 규모

《고적조사자료》에 장동리토성은 "토축土築 주위 약 150간, 원형으로

---

* 호벌치 회맹단은 고창 지역 300여 명의 선비들이 구국의 기치로 호남 의병을 창의倡
義하고자 삽혈 동맹을 하고 쌓은 맹단이다. 임진왜란이 일어나자 채홍국, 고덕붕, 조
익령, 김영년 등이 격문을 돌려 창의하여 92명의 의사義士와 500여 명의 의병이 모
여, 단壇을 쌓은 뒤 백마白馬의 피를 마시며 다섯 가지의 맹약을 내걸고, 국가와 민족
을 위하여 목숨을 바쳐 나라를 구할 것을 천지신명에게 혈맹血盟을 하였다고 한다.

줄포 원장동 입구에서 바라본 장동리토성(위)과 겨울철 장동리토성(아래)

고 9척임"이라고 나온다. 실측 결과 주위 317m, 외면 높이 약 7m, 내면 높이 약 4m에 상연폭 약 1.2m의 토루를 쌓고 내부에는 폭 8~9m 내외의 회랑을 설치하였다. 정상에 임진왜란 당시 의병을 일으켜 공을 세운 해옹海翁 김홍원金弘遠의 신도비가 서 있는 분묘가 있다. 삼국시대 토기편, 와편 등이 발견되는 유적에서 고려시대 유물을 개수한 것으로 추정된다.*

이 토성에는 두 곳의 문지門址가 있다. 정남에 해당하는 원장도 마

---

* 《부안향토문화지》〈부안진성고〉 편, 변산문화협회, 1980, 431~432쪽.

을 뒤의 지점인 남문지南門址는 너비 9.2m이고, 각동마을 방면의 지점은 27m, 돌아간 서북구간에는 너비 8.2m의 북문지北門址가 있다.

대산은 동·북방에서 내려온 능선이 솟은 해발 42.8m의 고지로서, 이를 중심으로 대략 원형평면의 토루를 쌓았다. 남단 중앙 원장동마을 지점을 기점으로 줄포초등학교 뒤로 돌린 거리는 87.3m이며 다시 연동방면(북동변) 쪽으로 71.6m, 북동변에서 원장동 마을회관 쪽으로 돌리면 82.4m이며 그 거리의 총 둘레 길이는 325m가 된다.

원장동 마을회관 방면 쪽은 17.3m 지점, 곧 42.8m 고지에서 130도 방향으로 뻗은 선상의 단면을 보면 약 -21도 경사의 외사면이 약 18m 뻗어 있고, 내사면은 -22도 경사로 사면거리 6.5m를 내려와서 회랑도에 이른다. 이 지점(연동마을 방면) 토루의 높이는 2.6m가 되며 토루의 바닥 너비는 약 12m가 된다.

회랑도의 너비는 8.8m, 회랑도의 내부 사면은 바닥에서 2.7m 올라가서 약 5.3m의 너비를 가진 제2회랑도가 있고, 다시 1.5m 높이의 언덕을 깎아내렸다.

북단(연동마을 방면) 지점의 단면은 42.8m 고지에서 북으로 15m를 내려서면 너비 9.4m의 회랑도가 있고, 그 밖으로 사면거리 4.6m, 수직높이 2.2m에 상면너비 1.2m의 토루를 형성한다. 토루의 외사면은 경사각도 -21도에 사면거리 7m로서 토루의 밑변너비는 약 12m가 된다. 이 밑변은 약 1m의 경사를 이루고 있다. 회랑도의 바닥은 남변보다 북변이 약 5m 높다.

장동리토성 추정 성책지

줄포의 입지

줄포는 한자로 '茁浦'로 표기한다. '줄茁' 자를 자전에서 찾아보면 '풀이 싹트는 모양, 동물이 자라는 모양, 풀 이름'으로 풀이된다. 사물의 움직임을 섬세하게 표현함을 알 수 있다. 어쩌면 줄포의 역동성을 미리 예견했는지도 모르겠다.

조선조 말엽 줄포는 건선乾先면으로 불리었으나 1875년 항만이 구축되었고, 1931년 7월 1일 행정구역 명칭 변경으로 건선면이 줄포면으로 변경되었다. 이전부터 부른 줄래포를 개칭한 것이다.

기록에 보면 줄포(줄래포)는 "군에서 남쪽으로 40리에 있다. 바다와 산이 많고 뛰어나며, 인물이 많다. 포어는 어시장을 이루고, 일 년 내내 선박이 이어져서 끊이지 않는다. 관서와 학교·회사가 줄지어 있고, 도회도 하나같으니, 남쪽 고을에서 유명하고 뛰어난 땅이다."*로 되어 있다.

줄포면은 부안군 건선면으로 줄포리, 장동리, 우포리, 신리, 난산리, 파산리, 대동리의 7개리 행정구역으로 각 리에 구장을 두고 줄포리만은 동편을 강동리, 서편을 강서리로 불렀다. 후에 1구, 2구로 개편하여 구장 두 사람을 두었으니 여덟 명의 구장이 각 리의 책임자였다. 그러다 일제강점기 중엽 자연마을 단위로 이장을 두어 29개 마을로 나뉘었는데, 그 후 여러 차례 변천되다가 지금은 줄포리(12개 마을), 장동리(4개 마을), 신리(4개 마을), 우포리(4개 마을), 난산리(5개 마을), 파산리(5개 마을), 대동리(4개 마을) 등의 총 38개 마을로 나뉘어졌다.

북쪽으로는 부안군의 보안면과 진서면, 남쪽으로는 고창군의 흥덕

---

* 在郡南四十里, 海山淸勝, 人物股庶 鮑魚成肆, 四時船舶, 絡繹不絶, 官署學校會社羅列, 都會亦一, 南州名勝之地.. 《국역 부풍승람》, 부안교육문화회관, 2021, 41쪽)

부령 김씨 김홍원 묘지 주위에서 장동리토성의 발자취를 찾을 수 있다. 아래는 줄포리 각동마을에서 바라본 장동리토성

면, 부안면, 심원면으로 이어지는 해안선 일대가 줄포만이다. 이 줄포만에 위치한 줄포는 정읍, 고창, 부안과 각 오십 리 거리에 있어 교통의 요지로 물자의 집산이 용이했다.

고대 유적지로 본 줄포

서해안고속도로 줄포IC로 빠져나가면 바로 고부로 연결되는데, 신라가 부흥백제를 공격하기 위한 최단거리의 길이었다. 고부 방면으로 가면 눌제가 닿고, 변산 방면으로 가면 상입석리를 거쳐 유정재를 지나 바로 주류성으로 갈 수 있다. 줄포와 고부 및 흥덕의 삼각지에는 동림제가 자리를 잡고 있는데, 동림제는 벽골제, 눌제와 함께 선사시대부터 중요한 저수지였다. 즉 백제시대 고사비성을 중심으로 한 호남지방의 3대 저수지인 셈이다. 안타까운 것은 이러한 사실을 호남민들이 너무 모른다는 것이다.

일본의 동양사학자 이마니시 류(금서룡) 씨는 줄포만 인근을 백강으로 추정한다. 그의 주장이 결코 터무니없는 주장만은 아니다. 필자의 개인적인 생각으로는 당연히 줄포만도 백강구의 현장이라 할 수 있다. 왜냐하면 백강구 해전에 패한 백제 제32대 풍왕은 이곳 줄포를 통해 고구려로 도망을 갔기 때문이다. 또한 왜의 많은 수군들이 이곳을 통해서도 주류성으로 들어갔을 것으로 추정된다. 지금의 보안면 남포

장동리토성의 성책지와 신석기 유적(전영래, 《전북 고대산성조사보고서》, 2003, 644-645쪽)

리까지 갯골을 통해 배의 왕래가 가능했으며, 남포를 지나면 바로 유정재이고 그 부근에 고려청자 도요지가 있었다. 이곳은 백제시대부터 자기를 굽던 곳으로 자원이 풍부했을 것이다. 줄포를 통한 수산물과 소금, 부안과 고부지방의 풍부한 임산물과 농산물이 만나는 곳이 바로 남포이기 때문이다. 바로 아래에 있는 고창 아산 용계리에서는 백제의 대표적인 자기인 삼족의 토기를 생산하던 도요지가 발견되었다.

줄포항의 쇠락

천혜의 항구로 예로부터 세상에 널리 알려진 줄포항은 어항으로 명성을 떨쳤을 뿐만 아니라, 전북 쌀의 대일 수출항으로까지 알려져 있어 '조선 줄포항 아무개'로 서신 왕래를 하기도 했었다. 호남의 명문이요 조선의 재벌 인촌 김성수의 일가가 구한말 고창군 부안면 봉암리 인촌마을에서 시내인 현 교하동으로 이사와 살았다. 김성수의 아들 상만과 상협은 줄포 태생이다. 그 외에도 만석꾼 지주 신세원 씨를 비롯하여 수천, 수백 석을 거두던 지주들이 이곳에서 많이 살았다. 만경 들판에서 쏟아져오는 곡식이며, 변산의 목재와 숯, 보안면의 유천리와 신복리 앞바다에서 대량 생산되는 소금 등으로 줄포항은 결코 부족하지 않은 땅이었다. 예로부터 전해오는 '생거부안, 사거순창生居扶安 死居淳昌(살아서는 부안, 죽어서는 순창)'이란 말에서 '생거'는 줄포를 일컫는다고 해도 과장이 아니다.

삼양재벌의 삼양사는 방대한 농장에 전국적인 규모의 삼양사 정미소를 운영하였는데 여기서 도정하는 쌀은 일본으로 수출하였다. 발동선에 실려 일본으로 직접 운송했고 군산항의 모선에 실리기도 했다.

일본에 간 배가 돌아올 때는 각종 생활필수품을 싣고 오니 상업이 또한 크게 발달하였다. 지금의 삼화양로원 자리에 일본인 야스다는 금정상점을 차리고 커다란 이층건물에 상품을 가득 채워놓고 조선인 점원 여럿을 거느리면서 도산매를 했는데 부안군, 정읍군, 고창군의 3개 군에 도매상을 했다. 40여 세대의 일본인은 일부 기관장을 제외하고는 주로 선구船具점, 잡화점, 제과점을 했고, 큰 요정을 운영한 자도 있었다. 중국인도 7~8세대가 살며 요리점을 한 사람은 하나 둘 쯤이었고 비단, 포목 등 송방을 했다. 조선인 상점도 많이 있었으나 상권은 일본인과 중국인이 장악했다. 선창船艙은 어선, 화물선이 들고나며 바다를 메웠다. 원둑거리는 즐비하게 늘어선 어물가게, 젓갈가게에서 비린내가 진동했고, 사람의 물결이 넘쳤으며 왁자지껄 떠드는 소리가 끊이질 않았다.

오색찬란한 풍어 깃발을 휘날리며 풍물을 울리면서 고깃배가 속속 들이닥치면 갈매기들이 제 세상인 양 날뛰고, 배에서 고기를 바작에 담아 어업조합 공판장으로 운반하는 지게꾼들은 대기 중인 가족에게 고기를 몇 마리씩 슬쩍 던져주는 것쯤은 보통이었다. 여기에다 화물선에서 짐을 내오고 짐을 싣고 야단법석을 이루는데 때로 수백 명의 핫바지(조선옷을 입은 농촌 사람) 부대까지 뒤범벅이 되어 아수라장을 이루었다.

위도면은 당시 전라남도 영광군에 딸린 섬이었는데 1963년 1월 1일에 부안군으로 편입되었다. 위도는 지리적으로 줄포와 가까운 관계로 어획물의 판매와 생필품의 조달, 어업자금의 융통 등 일체를 줄포항에 의지하고 있었다. 위도 근해는 많은 어물 중에도 칠산어장과 더불어 조기가 무진장하게 잡혔다. 수십 척의 조기배가 입항하면 원둑

거리는 조기로 뒤덮였다. 생조기는 소매도 했지만 전주 등 여러 지방으로 트럭, 달구지에 실려 나갔다. 생선장수집 마당에는 걸대를 여러 개 만들고 조기를 엮어 층층으로 주렁주렁 매달아 굴비를 만들고, 조금 상할 듯 싶은 것은 배를 갈라 간조기를 만들었다. 간조기는 소금에 절여 만드는데 추석, 설 명절과 제사에 빠지지 않는 생선이었다. 가지각색 이름도 알 수 없는 어물이라 이름 붙은 고기가 지천으로 많아서 어물전시장과도 같았고, 요즘 각광을 받는 광어나 아귀 같은 건 천덕꾸러기로 어물 측에 들지도 못했다.

부안군청은 부안에 있고 부안경찰서는 줄포에 있었으니 줄포가 차지하는 비중이 그만큼 크다는 것을 입증하는 것이고, 군내에 유일하게 은행(조선식산은행 줄포지점)이 있었음은 금융경제가 괄목할만하였으니 당시의 영화를 보여주는 것이다. 부안군 곡물검사소도 줄포에 있어 대일 수출미의 검사를 전담했다. 이외에도 줄포에는 부안읍에 없는 여러 기관이 있었다. 줄포는 도시인데 반해 부안은 보잘 것 없는 곳이었으나 오늘날은 정반대로 뒤바뀌었으니 상전벽해라고나 할까.

사거리에서 삼양사에 이르는 지점과 사거리에서 지서(현 파출소)를 지나 부안 쪽으로 휘어지는 지점의 서남쪽은 바다였고 농협에서 삼양사에 이르는 지점은 둑을 쌓아 바닷물을 막았기 때문에 원둑(언둑)거리라 했다. 지금도 나이든 층에는 원둑거리로 통하는데 1898년 늦가을에 해일이 일어 둑이 무너지고 시내와 지금의 대포들(당시는 들판이 아니었으며, 시내에 인가가 많지 않았다고 한다.) 일대가 바다가 되어버렸다. 그러자 전라감사 이완용(한일합병조약 때는 내각총리대신)이 현지 독찰하고 유진철 군수의 휼민사업으로 둑을 다시 쌓았고, 그 후 일제치하에서 1927년 일본인 몇 사람의 자본으로 앞에서 말한 바다(서빈동 일대)를 매립하여 현재에 이르고 있다. 매립지에 어업조합, 운송회사(대한통운의 전신), 노동조합 등 건물과 술집 등이 들어서기 시작하다가 1956년 7월 26일 이곳 줄포항으로 시장이 이전되었다. 노점상을 유치하기 위하여 상설시장을 꿈꾸었으나 실현되지 못하고 장날도 아주 한산한 실정이다.

사라진 줄포항, 다시 살리기

줄포는 1900년대 초 서해안 조기의 3대 어장 중의 하나인 칠산어장을 안고 근대의 항만으로 발전하였다. 1930년(호남에 가뭄으로 흉년이 들던 해)인가 서너 집만이 있던 곰소섬을 일본인 개인 자본으로 축항하여 줄포어업조합 곰소 위탁판매소를 설치했고 항구의 면목을 갖추었다. 곡창지대 호남평야의 쌀이 일본으로 수탈당하는 출구로서의 기능이 컸으며, 그러다보니 줄포항은 상업적으로 활성화되었다.

그러나 줄포항은 유입되는 토사로 자연 매립되어 차츰 항구의 구실을 잃어갔다. 서해 주변의 하천들이 대부분 감조하천들이기 때문에 상류까지 깊숙이 배가 왕래를 할 수 있었으며, 약 100년이라는 짧은 기간 동안 바다에서 밀려오는 퇴적물들이 쌓여 바다의 수심이 낮아져 포구의 역할을 하지 못하게 된 것이다. 줄포에서 후포 → 호암 → 곰소 → 격포로 포구가 이동될 정도로 줄포항은 예전의 명성을 잃어갔다.

1958년 어입조합과 부두노조가 곰소항으로 이전했고, 1962년경 곰소어업조합 줄포출장소로 전락되었다가 1966~1967년경 폐쇄되면서 줄포항의 세 글자는 영원히 사라지고 말았다. 급기야 1990년대에는 폐항 조치되기에 이른다.

지금의 '자연생태공원'이라 부르는 곳을 막은 방파제 공사가 완료되면서 줄포는 이제 바다 구경을 하기가 어려워졌다. 줄포만도 점차 곰소만으로 불리고 있다. 서해안고속도로가 건설되면 줄포가 다시 살아나리라고 예상했던 것은 실패한 예상이었다. 서해안고속도로를 이용하는 관광객들은 곰소로 직행한다. 곰소는 활성화되는데 줄포는 점점 쇠퇴해갔다. 전통적으로 줄포시장의 5일장이 컸던지라 아직은 곰소나 보안 사람들이 남부안의 상권을 줄포로 여기고는 있으나, 줄포의 상권은 명맥만 유지하고 있는 실정이다. '한때의' 줄포였을 뿐이다. 역사적으로 한때였을지언정 줄포는 한국 근대사의 한 줄기를 차지하는 지역적 근거지였음은 틀림없다.

아직도 줄포, 특히 줄포항을 기억하는 어르신들이 더러 있다. "줄포는 옛날에 항구였으며 고깃배, 소금배 등이 자작거리던 포구가 바로 여기였느니라"라고 애잔하게 줄포항을 노래한다. 그러나 시대는 가고 새로운 시대는 새로운 시대정신에 적합한 지리적 장소들을 찾아 끊임없이 이동한다. 하지만 사람들마저 다 이동하는 것은 아니기에 다행으로 여긴다.

흔적들 속에서 살아가는 사람들은 새로운 경제권을 위해 고군분투한다. 항구와 갯벌이라는 근대의 흔적들이 상실되고 있는 오늘날 줄포는 항구가 있던 마을(서빈동)을 활성화하기 위한 노력을 계속하고 있다. 새로운 시대정신이 부여된다 하더라도, 자연생태공원이 저지른 오류처럼 개발주의 논리로 깡그리 밀어버릴 수는 없지 않은가.

대항리산성 大項里山城

점봉산 봉수대와 대성동의 군사 주둔지

포곡식 | 변산면 대항리 점방산과 석문동

부안군 변산면 대항리 대항마을 뒷산 선인봉仙人峰 줄기가 세 갈래로
내려와 마을을 감싸 안고, 마을 앞 바다 멀리 기러기가 날아오는 형국
의 비안도飛雁島가 바라보인다. 대항마을 서쪽 해안에는 패총이 있어
지방기념물로 지정되어 관리하고 있다. 이 패총은 자세한 연대를 알
수 없으나 구석기시대의 유물이 발견된 곳으로, 옛날부터 이곳에서
바닷조개와 고기를 잡아먹으며 사람들이 살았다고 전해진다. 대항마
을은 대항리 당산나무로 잘 알려져 있다. 필자는 20여 년 동안 대항리
당산제를 보았고, 산신제와 용왕제(개인)도 열리고 있다. 대항리산성
은 대항마을 옆 점방산 봉수대와 대성동 주위 군사 훈련기지를 겸한
대항 산성이었다.

부안댐에서 본 장군봉(산 넘어 대항리), 아래는 군막동에서 본 장군봉

대항리마을의 유래

대항리마을은 산세가 마치 커다란 학鶴이 날아가는 형국이라 하여 '대학大鶴'이라 했다. 사람들이 주로 학의 목 부분에 터를 잡았다고 하여 큰 대(大), 목 항(項) 자를 써서 '대항大項'이라 고쳐 부르게 되었다고 전해진다.*

군도 3호선인 내변산 도로를 따라 들어가면 600m 지점 해발 10m 하천 건너에 불무동佛舞洞마을이 있고, 다시 200m를 지나 부안 상수

* 변산면자치위원회,《변산면 역사와 문화》, 신아출판사, 2012, 103쪽.

도 사업시설이 있던 고개를 넘어가면 군막동軍幕洞이 있다. 도로를 따라 세월교를 건너 1km쯤 가면 도로가에 3m의 입주석入柱石이 있다. 이곳을 지나면 바로 석문동石門洞이 자리한다.

예전에 변산면 중계리로 들어가는 곳은 석문동, 군막동 주민들이 거주하던 마을이었으나 부안댐 건설로 모두 이전하고 군막동에 일부 주민만 살고 있다.

석문동이라는 마을 이름에는 전해오는 이야기가 있다. 옛날에 한 장군이 해적을 막기 위하여 이곳에 진을 치고 주둔하였는데 장군이 지휘했다는 장군봉 옆에는 투구봉이, 장군봉 아래에는 군관봉軍官峰이 있고, 장군이 말을 타는 곳에는 마상치馬上峙, 군대가 막을 친 곳에는 군막동軍幕洞이 있으며, 그 옆에 군대 식량을 쌓아둔 노적봉露積峰, 돌문에서 통행자를 검문하던 석문동石門洞, 병기兵器를 만들었다는 대장간(불무동)이 있었다. 산봉우리와 골짝마다 전설이 가득하고 산수가 좋은 이곳에 세월이 지나면서 사람들이 모였고, 화전火田을 일구고 산나물을 키우며 장작을 파는 마을이 형성되었다. 1972년 행정구역 조정으로 마상치, 석문동, 군막동, 불무동이 합해졌는데, 호수가 있고 지리 여건상 중앙이었던 석문동을 마을 이름으로 부르게 되었다고 한다. 이후 마을을 확장하면서 마을 진입로에 있던 석문石門을 부수려 하니 마을 노인들이 한사코 반대했다고 한다. 하지만 석문의 우측이 암벽이고 좌측은 하천에 가까워 도로가 우회할 수 없어서 석문의 한쪽 문설주만 남기고 도로가 났다고 한다.[*]

---

[*] 변산면자치위원회,《변산면 역사와 문화》, 신아출판사, 2012, 110쪽.

대항리 점방산 봉수대의 현재 모습. 봉수대의 가장 높은 부분이 있는 곳은 평지처럼 무참하게 무너져 있다.

점방산 봉수대의 불을 지피는 아궁이로 추정되는 장소

점방산 봉수대 동쪽의 무너진 모습

대항마을회관 뒤에서 바라본 점방산 봉수대와 장군봉. 부안 격포간 4차선도로의 개통으로 점방산 우물은 사라져 찾을 수 없다.

대항마을에서 바라본 계화도와. 점방산 봉수대

이곳에 부안댐이 만들어졌다. 중계천이 있던 곳을 1991년에서 1996년 사이에 부안댐을 축조했다. 당시 댐 건설로 수몰된 주택은 86세대, 주민은 259명이었다. 중계, 장두, 신적, 용지, 석문동 마을이 대부분 이주했고 일부가 아직 붙박이로 살아간다. 부안댐 정상에 수몰민들의 고향을 그리는 마음을 달래기 위해 망향탑이 세워져 있다.

현재 부안댐은 부안군민들의 식수원이며 가까운 고창, 김제로 식수를 보급한다. 댐 건설 전에는 석문동에서 군막동을 거쳐 중계로 비포장도로가 있었고 한때 버스가 다니던 정겨운 시골 마을로, 소를 몰고

산나물을 캐던 삶의 터전이었다.

봉수대의 구조와 역사 기록

변산면 대항리 점방산占方山 봉수대는 대항리의 뒷산에 있다. 이곳은
변산해수욕장 조금 못미처에 있는 전북체신청 휴양소가 있는 소재지
마을에서 30분쯤 소요된다. 마을 사람들은 이 산 봉우리를 봉화산이
라고 부른다. 2020년에 전라북도 지정문화재(기념물) 제140호로 지정
되었다.

〈부안독립신문〉 김정민 기자의 글을 빌리면, 점방산 봉수대는 동서
30m, 남북 33m의 평면 원형의 외곽 석축단 위에 다시 직경 17m 내
외의 내부 석축단이 있고, 그 내부에 한 변의 길이가 9.5m인 방형 연
대를 갖추었다고 한다. 연대 내부에서 연소실과 연조가 확인되었고
내측 석축단에서 고사로 추정되는 장방형의 공간 1개소가 있다고 한
다. 봉수대 외곽 석축단의 서편에서 조개껍데기와 함께 분청사기, 백
자 등 조선시대 전기의 유물이 출토되었다."*

점방산 봉수대는 남으로 격포 월고리산 봉수대에 상응하고 북으로
계화도 봉수대를 잇는 연안에 위치하고 있다.《세종실록지리지》봉수
조에 "점방산북응계건이占方山北應界件伊"라 기록되어 있는데, 여기
서 '계건이界件伊'란 계화도를 가리킨다.《신증동국여지승람》의 부안
현 봉수 조에도 "점방산봉수占方山烽燧는 현의 서쪽 61리에 있는데 남
으로 월고리에 응하고 북으로 계화도에 응한다."고 하였다.《조선보

---

* 김정민 기자, 〈부안의 봉수대를 가다2 — 변산 점방산 봉수대〉, 부안독립신문 201년
8월 20일자 참조.

물고적조사자료》에 의하면 "산내면 대항리 봉화산 원형 경오간山內面 大項里 烽火山 圓型 徑五間"이라 하였다.

그 후의 유형원이 편찬한 것으로 추정하는《동국여지지》의 봉수 조에는 보이지 않으며, 1760년에 간행된《여지도서輿地圖書》와 1790년의《호남읍지湖南邑誌》에도 빠져 있다. 그러다가 1871년에 간행된《호남읍지》이후로 기록이 보인다.

최근 기록은 1989년에 발행한《전라북도지全羅北道誌》의 봉수 조에 "이곳은 변산해수욕장이 있는 동편으로 승람에서 말한 61리에는 미치지 못한다. 해수욕장과 해창海倉의 중간에 있는 해발 260m 고지 상에 있어 북으로 계화도에 연결된다."라고 기록되어 있다.

또 1992년 전북체신청에서 발행한《전북의 봉수대》에는 그 정확한 위치와 높이가 두 가지라는 문헌상의 기록을 지적하고 실지 답사한 내용을 다음과 같이 적고 있다.

도로변 야산을 밭두렁과 묘지를 지나 산봉우리에 오르니 연대烟臺를 쌓은 듯한 석축과 무너져 내린 무수한 돌무더기가 봉수터로 단정해도 좋을 확연한 흔적이 물증으로 눈앞에 다가왔다. 연대로 보이는 직경 7.8m, 높이 2m가 넘는 원형의 축석이 있는데 정교하게 쌓은 해안 쪽의 이끼 긴 석축은 그대로인 채 상층부 일부는 잡초가 우거져 있고, 내륙 쪽은 대부분 헐어져 파이고 자연석이 즐비하게 널려 있으며, 연대의 둘레엔 돌로 쌓은 석축의 흔적이 12.3m에 걸쳐 남아 있다. …… 멀리 남쪽으로 월고리 봉수대산이 한눈에 들어오고 북쪽으로 계화도 봉화산이 환히 보이며 이곳 봉화대가 양쪽 봉화대와 정확히 일직선상에 놓여 있다.

부안댐에서 바라본 군막동(위)와 군막동에서 바라본 부안댐과 장군봉(아래)

봉수꾼의 생활 터

점방산 봉수대에서는 봉수대 외곽의 방호벽과 불을 지피던 재료의 창고 시설과 함께 봉수대를 지키던 봉수꾼의 생활공간도 확인되었다. 또한 조개껍데기, 적이나 야생동물을 막기 위해 준비했던 수마석 등이 남아 있어서 봉수꾼의 생활 흔적을 살펴볼 수 있었다. 부안에 있는 봉수대 세 곳 중에 그래도 유물이 잘 남아 있어서 연구사적 가치가 높을 것으로 평가된다.

보통 봉수대가 폐지되는 데는 몇 가지 이유가 있다. 첫째로 봉수대가 높고 험한 산중에 있었기에 봉수꾼이 근무하는데 악조건인 데다 등대지기처럼 외롭고 모든 생활이 불편하며, 특히 가정생활과 자녀 교육에 피해가 많았다. 둘째로 사대부 또는 백성들이 봉수꾼을 칠반천역七般賤役, 즉 수군水軍, 조군漕軍, 역보驛保, 나장羅將, 일수日守, 조례皁隷와 더불어 천한 일로 여겨 푸대접을 했다. 셋째로 봉수꾼이 같은 일만 계속하니 나태해졌다는 점과 혹시 잘못하여 봉수대 부근에 불이 나면 문책은 물론 백성들로부터 원망을 받았다는 점이다.* 이런 점에서 봉수대나 관련 유산이 잘 남아 있지 않다.

* 《한국전기통신 100년사》〈전북의 봉수대〉, 체신부, 1985.

장신리산성 長信里山城

성곽과 마을이 사라진 곳, 수양산

삼국시대 | 평지식 | 하서면 장신리 신성마을(수양산)

매봉산은 전라북도 부안군 하서면 장신리에 있는 산으로 높이는 191m이다. 석불산에서 북쪽으로 이어지는 능선에 있다. 계화도 방향으로 주상천과 만나 새만금으로 스며든다. 현재는 석산이 개발 중이다.

신성마을에 남은 옛 흔적

인근에 있는 하서면 장신리 신성마을은 장신초등학교가 있는 5㎞ 지점 해발 20m에 위치한 논농사와 밭농사를 주로 하는 중산간에 위치해 있다.

크고 작은 촌락들이 농사의 편리함을 따라서 정착한 관계로 마을에서 집단적인 주거지를 찾기는 힘들다. 마을의 형성은 오랜 옛날부터 수백 호가 살았던 것으로 구전된다. 성토재(수양산에서 석불산 능

하서 장신초등학교 앞에서(위), 하서 백련초등학교 앞에서 본 장신리(수양산)산성과 겨울철 장신리산성

장신리 지역 바위. 산성 석축 자리 추정 지역. 아래는 수양산에서 석불산 능선을 따라 허물어진 토성 잔재

선을 따라 허물어진 토성 잔재), 안골(성 안의 동네), 신병사터(현 장신초등학교), 기와 가마터, 흩어진 주춧돌, 옛날 기와조각이 동네 이곳저곳에서 발견되는 것으로 미루어 그 흔적을 알 수 있다. 하지만 어느 때 패성敗城, 패촌敗村이 되었는지는 알 수 없다.*

성황당의 밑이라는 뜻의 '당살미'는 마을 뒤에 있는데, 명당이 곳곳에 있어 부호나 권세가의 묘가 많았지만, 일제강점기 토굴꾼들이 이 묘들을 파헤쳐 다량의 유물들을 도굴했다고 근방에 사는 어른들은 전한다. 옛 문헌에서 보이는 패성, 패촌의 기록이 현실로 나타나고 있다.

장신리 매봉산(산성)은 간 곳 없이 사라진 듯, 산성의 7~8부 능선의 성곽도 한두 곳을 빼고 거의 흔적을 찾을 수 없다. 장신리 앞바다는 새만금 간척사업으로 바다가 사라졌고, 월포月浦마을은 에너지단지

* 《부안향리지》, 부안군, 1991, 975쪽.

장신리와 석불산(1918년, 조선5만분의지형도)

로 조성이 되어 뒷전으로 밀려났다.

신성마을에 100여 년 전 세워진 밀양 박씨의 효열비가 있다. 박씨 부인은 약관의 나이로 나주 임씨 문중에 시집을 왔고 스물한 살에 청상과부가 되었지만 일생을 근면하고 절약하여 임씨 가문과 선영을 구했다고 한다. 이를 기려 후세 사람들이 비를 세웠다고 한다. 또한 신성마을에는 100여 년이 넘은 구옥 한 동이 있는데 이 마을에 사는 최명환 씨 소유이다.*

장신리에는 간척사업 이후로 마을들이 생겨났다. 장신리 옆인 백련리 문수마을에는 저수지와 마을 수로비水路碑가 있는데, 간척지가 농경지로 변화했음을 말해준다. 부안군의 해수면이 10m 이내 상승으로 시뮬레이션을 해보면 이 지역은 곳곳이 섬으로 변한다. 장신리산성도 섬과 비슷한 모양의 지형임을 알 수 있다.

장신마을의 유래와 느들바위
장신마을 이름에 '장신長信'이 붙은 이유를 두 가지 유래로 살펴볼 수 있다. 고려가 멸망한 이후 많은 고려 인걸들이 흩어지게 되는데, 이들

* 《부안향리지》, 부안군, 1991, 975쪽.

중에 장張씨 성을 가진 선비와 신申씨 성을 가진 선비가 함께 남쪽으로 이주하다가 이곳에 정착해 마을을 형성했고, 이 선비들의 성에서 한 글자씩 뽑아 마을 이름을 '장신포'로 했다는 유래가 있다. 또 다른 유래는 고려 현종 때 문화 류씨 류숙柳淑이 부여에서 부안으로 이주하여 터를 잡았고, 다시 류숙의 손자인 류명 선생이 이곳에 터를 잡고 마을 이름을 '장신'이라고 했다고 한다. 여기서 장신은 '인의예지신仁義禮知信'에서 신信을 가져오고 이곳이 장래에 크고 중요해진다는 의미로 장長을 앞에 붙여 '장신'이라 지었다는 것이다.

월포마을 앞바다에는 사람 한 길 높이 삿갓 모양의 바위가 솟아 있다. 바닷물이 드나들어도 마치 물에 떠 있는 듯 크기가 그대로인 '는들바위'가 바로 그것이다. 이 바위에는 재미있는 이야기가 전해 온다. 근처 장신포에 부자였던 류씨 부부는 쉰 살이 넘도록 아이가 없었다. 그리하여 변산 깊은 산속에 들어가 백일기도를 드렸고 부처님 영험으로 옥동자를 낳았다. 울음소리가 컸던 아이는 자랄수록 영특해서 사서오경四書五經을 외웠다. 그런데 어느 날 아이의 울음이 멈춰 살펴보니 방 안을 날아다니고 있었다. 이에 놀란 류씨 부부가 아이의 겨드랑이를 살펴보니 날개가 돋아나 있었다. 아이는 큰 장수감이지만 이 소문이 서울 조정에 알려지면 역적으로 몰려 멸문지화를 당할 수도 있었기에, 눈물을 머금고 류씨 부부는 아무도 몰래 '다듬이돌'로 아기장수를 눌러 죽였다. 그러자 눈부시게 하얀 백마 한 마리가 뛰어와 사흘을 구슬피 울부짖다가 바위 속으로 들어갔다고 한다. 그 후로 이 바위는 흰 용마가 항상 떠받고 있어서 바닷물이 많으나 적으나 꼭 그만큼 솟아 있기에 '늘 들려있는 바위'라는 뜻으로 '는들바위'로 불리워지게 되었다고 한다.* 는들바위는 비록 높지는 않지만 썰물 때는 바위가 내려앉고 밀물 때는 다시 바위가 들리기 때문에 바다에 해일이 일더라도 바닷물에 잠기지 않아서 인근 마을의 해수 피해를 막아준다고 한다.

이 외에도 장신리 일대에 전해오는 이야기들이 있다. 수양산은 용의 머리 같고, 복용伏龍마을은 용이 엎드린 자세로 보이며, 농소마을은 용의 수염 같다고 말한다. 그래서 1554년(조선 명종 9년) 한 고승이 찾아와서 마을 이름을 용수말龍鬚末이라 지었다고 한다. 이런 이야기들은 장신리산성과 주변 마을이 오래된 마을이라는 것을 알려준다.

부안의 해안 방책 토성들

부안 사람들의 생활과 밀접한 하천들은 크게 두 가지로 나뉜다. 하나는 동진강 수계로 모이는 호남평야로 흐르는 하천들로 동진강과 고부천이고, 다른 하나는 변산반도에 흐르는 작은 하천들로 직소천, 운산천, 유유천과 우금산성 방향으로 이어지는 나뭇개** 등이다.

특히 동진강과 고부천은 부안과 내륙을 잇는 수운 교통의 요충지이다. 또한 이러한 자연 지리적 위치로 동진강 일대는 삼국시대에 축성된 성곽 유적과 진鎭·포浦가 분포했고, 군사요충지로서 역할이 컸다. 동진강 일대의 토성들은 백제 주류성(우금산성)의 방어 전초 기지

---

* 고윤정 기자, 〈복된 동네 정 있는 마을 – 하서면 장신리 장신마을〉, 부안독립신문 2010년 4월 21일자 참조.

** 부안군 상서면 앞을 흐르는 개천 : 부안에서 개암사 가는 길에 '나뭇개'라는 마을이 있다. 행정구역상으로는 상서면 고잔리 목포木浦이다. 지명에서 느껴지듯이 이곳은 1900년대 초까지만 해도 중선배가 드나들던 바닷가 마을이었다. 나뭇개 부근은 부안에서도 간척이 꽤 일찍 시작되었다. 1770년대에 간척이 시작됐고, 1910년과 1934년에는 일본인들에 의해 삼간리, 청서리까지 간척이 이루어져 두포천이 완전히 농토가 되었다고 한다.

장신리산성에서 돈지 쪽으로 본 해상로, 아래는 장신리산성 신병사터였던 현재 장신초등학교

로서 주목을 받았다.

그에 비해 동진강이 아닌 소격산성, 장신리산성, 석불산성은 부안의 서해안을 잇는 성곽들이다. 이러한 해안 방책 토성들은 공통적으로 나지막한 봉우리의 윗면 언저리에 테뫼식으로 깎아졌고 '말달리기'라 불리는 회랑도를 설치했으며 다시 아래로 이중삼중으로 회랑도를 되풀이하여 감는 성곽 구조를 보인다.

이 유형의 토성들은 주류성을 중심에 두고 방사상으로 동진반도의 해안을 따라 위치하고 있다. 이는 부안에서 멀리 떨어진 남해안의 조성면에 있는 '동로고성'과 같은 유형이라는 점에서 고고학적으로 중요한 자료이다.*

당나라 소정방이 왕도 공격을 위한 전초기지이자 교두보로 이 해안(지금의 하서만) 토성들을 확보하고 수륙병진의 발판으로 삼았던 곳으로 보인다. 백제 당시 동진반도의 두 고을로 서안西岸에 '기벌포伎伐浦', 곧 개화皆火현과 동안東岸의 백강구에 '흔양매欣良買현'(지금의 줄포만)이 옛 기록에 올라 있다.

또 《삼국사기》의 내용 중, 문무왕 11년에 설인귀에게 보낸 답서**에 "왜倭의 수군이 백제를 도우러 와서 왜의 배 1천 척이 백강에 정박해 있고, 백제의 정예기병이 언덕 위에서 배를 지키고 있었습니다. 신라의 용맹한 기병이 당 군사의 선봉이 되어 먼저 언덕의 군영을 깨뜨리자 주류성에서는 간담이 잃고 곧바로 항복했습니다."라는 내용이 있다. 여기서 백제 정예기병이 주둔했다는 '언덕 위(岸上)'는 동진반도 일대의 방책지로 추정된다.

---

* 전영래, 《백촌강에서 대야성까지-백제 최후결전장의 연구》, 신아출판사, 1996.

** 倭舩千艘, 停在白沙, 百濟精騎岸上守舩. 新羅驍騎, 爲漢前鋒, 先破岸陣, 周留失膽, 遂即降下.

석불산성 石佛山城

임진왜란 승리의 어염시초漁鹽柴草

평지식 | 하서면 청호리 45-1

부안군 하서면 청호저수지 옆 석불산(해발 289.7m)은 하서만의 양옆에
위치한다. 서해안(지금의 새만금방조제) 방면으로 매봉산이 있어서 해안
산성들과는 달리 전투 산성으로 이용되었다.

석불산, 청호저수지, 석불산성

석불산의 지명에는 두 개의 유래가 전해져 오고 있다. 하나는 옛날 중
국에서 작은 배로 돌부처(석불)를 싣고 바다를 건너왔고 산 너머 불등
리佛登里에 돌부처를 숨겨서 석불산이라는 이름이 지어졌다는 것이
다. 다른 하나는 옛날 스님 한 분이 서해를 헤엄쳐 왔고 이 산에 올라
간 뒤 오랫동안 참선을 하다가 돌부처가 되어서 석불이라는 산 이름
이 되었다는 이야기다. 부처가 바다에서 올라왔다고 하는 불등리마을
이 석불산 북서쪽 서해 연안에 있고, 서남쪽 등성이 아래에는 돌부처

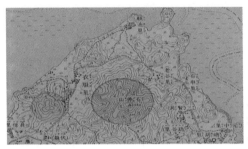

석불산. 파란 선이 장시리산성. 빨간 선이 석불산성(1918년 조선5만분의지형도)

가 섰던 부처댕이(부챗등, 부치댕이)마을이 있다.

석불산에는 고희(高曦, 1560~?) 장군 문중의 유물관과 지방 유림들이 제사지내는 사당이 있는 효충사가 있다. 고희 장군은 임진왜란 당시 선조를 업어서 임진강과 대동강을 건너 의주까지 피신시켰다는 무신武臣이다. 또한 고려 예종 때 정2품 재상을 지낸 두방杜邦의 묘역(묘소는 지금으로부터 약 807년 전인 고려 중기에 건립된 묘역이다)이 있다. 두방의 아들 두경승 장군은 고려 명종조의 '김보당의 난'과 '조위총의 난'을 평정한 명장으로 《고려사》 열전 〈두경승전〉에 기록된 인물이다. 이 묘역은 고려 중기 1245년에 조성된 분묘로 민속학적 가치가 크다. 현재 석불산 기슭에는 KBS 드라마 〈불멸의 이순신〉 촬영지인 석불산 영상랜드가 조성되어 있다.

석불산 자락인 죽산竹山(해발 75.7m)은 하서면 청호리의 청호저수지를 끼고 있으며, 산 정상에 청호저수지를 조망할 수 있는 전망대가 설치되어 있다. 죽산은 대나무산이란 뜻인데 정작 대나무는 볼 수가 없다. 산줄기는 암탉봉 석불산으로 이어진다. 죽산 자락에 청호마을이라는 체험 숙박시설이 들어서 있고 숲체험 프로그램의 하나로 등산로와 전망대가 설치된 것으로 보인다.

위에서부터 역리토성(고성산)에서 바라본 석불산, 하서면사무소 뒤에서 바라본 석불산,
계곡마을에서 바라본 석불산성

석불산성에 남아 있는 석축 예상지

청호저수지晴湖池는 1971년에 완공된 인공저수지이다. 저수지를 짓기 전에는 바다였는데 망둥어, 게, 바지락 등 어패류가 많이 났었다. 이 호수의 제방 길이는 5㎞가 넘으며 면적이 450ha나 되는데, 규모가 우리나라에서 제일 크다. 청호저수지의 맑은 물은 섬진강에서 동진수로로 170리 물길을 따라 흘러 내려온 것으로 지역 주민들의 생활용수와 계화 간척지의 농업용수로 사용된다.

청호저수지에 접해 있는 석불산 대섬산의 동쪽 기슭에 연화대(明堂 蓮花度水)혈, 북록北麓 기슭에 자라고개(明堂 金鼈進水)혈이 있다. 예로부터 이 두 명당지에 연꽃과 자라머리가 물에 잠기게 될 것이라는 말이 전해오고 있었는데 청호저수지가 생겨서 그 말이 적중되었으니 신기한 일이라 아니할 수 없다.*

* 《부안향리지》, 부안군, 1991, 902쪽.

석불산성에 대한 몇 문헌들은 장신리산성과 더불어 하서만 입구를 지키는 산성으로 나올 뿐 자세하지도 충분하지도 않다. 현지 조사로는 산성이라 부르기 민망할 정도로 몇 개의 석축만이 자리하고 있다. 장신리산성을 적은 규모의 군사들이 지켰다면 석불산성은 큰 훈련 기지였고 주변에 여러 마을이 조성되었다.

청호마을의 유래

석불산 청호晴湖마을은 부안읍에서 변산해수욕장 쪽으로 약 8km 떨어져 있다. 마을 북서쪽으로 석불산이 병풍처럼 웅장하게 들어서고, 남동쪽으로 경지정리가 다 된 넓은 들이 펼쳐져 있다. 청호마을은 약 500년 전에는 견아촌犬牙村이라 불렀다고 한다. 마을 동쪽에 흐르는 석불천石佛川에는 개(犬)가 앉은 모양과 비슷한 우뚝 솟은 '도둑바위'가 있다. 이 도둑바위 옆에 돌다리가 놓여 있는데, 다리를 제작한 시기를 나타내는 연호年號가 '숭정崇禎'으로 새겨져 있어서 조정에서 하사한 다리로 전해진다. 현재는 경지정리로 흔적을 볼 수 없고 빨래터가 있어 '독다리방'이라 불린다.

마을 서쪽 입구에 '개 바우동'이라는 바위 두 개가 있다. 이처럼 동쪽과 서쪽의 개바위들이 마을 수호신처럼 '도둑바위'를 막고 있어서 도둑이 마을로 침범하지 못한다 하여 '도둑 없는 마을'로 알려졌다고 한다. 조선 정조 때 어사 박문수가 전국을 암행하다가 이곳의 지형과 지세에 감탄하여 암행을 마치고 임금에게 고하기를, 청호마을이 전국에서 제일 살기 좋은 땅이라고 복명했다고 한다. 그 이유로 마을 앞에 정해평井海坪이 있어서 어디를 파든 샘이 솟아났고, 특히 '갱이샘', '소둠벙', '질마샘'은 수원水源이 마르지 않아 물 걱정이 없다고 아뢰었다고 한다. 또한 청호마을 인근에 산이 많아 땔나무 걱정이 없으며, 바다가 지척이라 소금이 다량이고, 북으로 돈지포구가 있어 신선한 생선이 풍부하다고 했다. 곧 어염시초가 풍요로워 사람이 살기에 부족할 게 없다고 복명했다고 한다.

석불산을 둘러싼 삼현마을도 소개할 만하다. 호남승지 봉래산맥의 정기를 이어서 산세가 수려한 이 마을에는 서쪽에 석불산이 있고, 바닷가로 암탉굴산이 있다. 암탉굴산은 찬 바닷바람을 막아주는 요새로, 산의 모양이 마치 큰 암탉이 알을 품은 것 같다한데서 이름이 유래된다.

석불산의 북쪽 능선에 등판재(등판치燈板峙)가 있다. 이곳에는 삼국시대 당나라에서 서해를 건너온 생불生佛이 불등佛瞪마을에 상륙하여 의복衣服리에서 옷을 갈아입고 석불산에 입산하여 예불하며 촛불을 켰던 등판이 있었다는 이야기가 전한다.

참고문헌

《고려사》《괄지지》《대동지지》《동국여지지》《동국여지승람》《동여도》
《삼국사기》《세종실록》《신증동국여지승람》《여지도서》《유봉래산일기》《일본서기》
《조선왕조실록》《조선5만분의지형도》《호남읍지》

강세황 지음, 박동욱·서신혜 역주, 《표암 강세황 산문전집》, 소명출판, 2008.
고윤정, '복된 동네 정있는 마을 – 하서면 장신리 장신마을', 부안독립신문 2010년 4월 21
    일자.
국립전주박물관, 전북의 역사문물전-Ⅲ 부안, 삼성인터컴, 2001.
국토해양부 국토지리정보원, 《한국지명유래집-전라·제주편》, 2010.
김병남, 《기록인(IN)》 30호, 국가기록원, 2015.
김정민, '부안의 봉수대를 가다2—변산 점방산 봉수대', 부안독립신문 2021년 8월 20일자.
김중엽, 《전북 지역 후기 마한 분구묘의 전통성》, 원광대학교 마한백제문화연구소, 2003.
김형관, 《내 고향 보안》, 재경보안면향우회, 1991.
김형주, 《김형주의 부안 이야기 1편, 2편》, 밝 도서출판, 2008.
곽장근, 《한국고대사연구》, 한국고대사학회, 2011.
변산면자치위원회, 《변산면 역사와 문화》, 신아출판사, 2012.
변산문화협회, 《부안향토문화지》, 1980.
부안군, 《2020년 부안성곽학술조사》, 2020.
부안군, 《부안군 문화유산 자료집》, 2004.
부안군, 《부안군지》, 2015.

부안군,《부안향리지》, 1991.

부안군,《변산의 얼》, 전주 대흥정판사. 1982.

부안군·전주대학교 산학협력단, 〈부안 해양문화의 세계문화유산 가치〉, 죽막동 세계유산
　　　등재를 위한 국제학술대회, 2014.

부안교육문화회관,《국역 부풍승람》, 2021.

부안문화원,《고지도와 사진으로 본 부안》, 2016.

부안역사문화연구소,《부안 이야기 10~20호》,

송기숙,《녹두장군》, 시대의창, 2008.

심승구, 〈부안 죽막동 해양제사유적의 세계유산 가치와 등재 방향〉《한국학논총》 제44집,
　　　국민대학교 한국학연구소, 2015.

심정보,《백제의 멸망과 부흥운동》, 백제문화사대계 연구총서, 2007.

유종남,《부안군 변산반도》, 부안군애향운동본부, 2003.

전라북도,《전라북도지》, 1989.

전북연구원 전북학연구센터,《마한의 시작과 꽃을 피운 땅 전북》, 2020.

전북체신청,《전북의 봉수대》, 1992.

전영래,《전북 고대산성조사보고서》, 전라북도 한서고대학연구소, 2003.

전영래,《백촌강에서 대야성까지-백제 최후결전장의 연구》, 신아출판사, 1996.

전주문화유산연구원,《부안 역리 옥여유적》, 2017.

줄포면,《내 고향 줄포》, 예인미술, 2003.

최병운,《전북역사문헌자료집》, 전라북도, 2000.

최완규, '동진강 유역의 마한 소국, 전북일보 2021년 8월 17일자.

한국학중앙연구원,《19세기 김채상 집안의 효자, 정려 취득과정 12》, 2004.

《부안21》(인터넷신문)

[부록1] 부안군 성곽 현황

산성명	해발 (m)	형식	재료	규모 (m)	축조 시기	소재지
부안읍성 (상소산성)	115	테뫼식	석/토축	332	삼국/ 나말여초	부안읍 동중리 성황산 중심으로
백산산성	47.4	테뫼식	토축	1,064	삼국	백산면 용계리 산8의 1 외
반곡리토성	61	테뫼식	토축	740	삼국	동진면 반곡1리, 2리
수문산성	32	테뫼식	토축	433	삼국	계화면 창북리 원창, 금산마을
용화동토성	50	평지식	토축	100	삼국	계화면 용화마을 뒷산
구지산토성	52	테뫼식	토축	1,395	삼국	동진면 당산리 구지마을
용정토성	28	평지식	토축	2,583	삼국	계화면 궁안리 용정
염창산성	84	테뫼식	토축(?)	490	삼국 고려	계화면 창북리(대벌리 방면)
역리토성 (고성산성)	60	삼태기식	토축	547	삼국	행안면 역리마을 (또는 부령산성)
사산리산성 (도롱이산성)	105	테뫼식	토축(?)	272	삼국	주산면 사산리(도롱이뫼산성)
소산리산성	140	테뫼식	석축	324	삼국	주산면 소산리(베멧산)
부곡리산성 (성산산성)	68	삼태기식	토축	571	통일 신라	보안면 부곡리(성매산 68m)
유천리토성	45	평지식	토축	1,386	고려	보안면 유천리 (유천 도요지 주변)
영전리토성	45	평지식	토축	512	삼국	보안면 영전리 영전리 424-1
장동리토성 (대산토성)	68	테뫼식	토축	317	고려	줄포면 장동리(천배산 주변)
우금산성	340	포곡식	석축	3,960	삼국 ~ 고려	성서면 감교리(개암사 뒤) 전라북도 기념물 제20호
의상산성	480	포곡식	석축		삼국~ 고려	하서면, 변산면 경계지역
두량이성		포곡식	석/토축		삼국	보안면, 상서면 경계지역
검모포진성	120	포곡식	석축		삼국~ 고려	진서 검모포와 내성 (철마산, 매봉 265m)
당하리산성 (당후리산성)	60	평지식	토축	260	삼국	동진면 당상리 당하마을
하입석토성		평지식	토축		삼국	보안면 하입석리 마을 뒷산
소격산성 월고리 봉수대	121	포곡식	석/토축		조선	변산면 소격마을(봉수대지)
대항리산성 점방산 봉수대	161	포곡식	석/토축		조선	변산면 대항리(대성동산성)
장신리산성		평지식	토축		삼국	하서면 장신리 신성마을
석불산성	289	평지식	토축		삼국	하서면 하서면 청호리 45-1

* 연두색 바탕인 산성들은 새로 추가된 산성임.

기록으로 본, 백제부흥군과 나당연합군의 전투 관련 주요 지명

문헌	기벌포	백강	주류성	고사비
삼국사기 백제기	기벌포伐浦	백강白江	주류周留	고사古泗
삼국사기 신라기			두량윤(이)豆良尹(伊)	고사비古沙比
삼국사기 신라기	기벌포	백사白沙	두릉豆凌(양良) 윤주尹周	
삼국사기 김유신전	의(기)벌포 依(伎)伐浦		두율豆率	
삼국유사 태종왕	지화포只火浦 장암長岩	백강白江 손량孫梁		
삼국사기 지리지	개화皆火 부령扶寧 (계발啓發)	흔량매欣良買 희안喜安		고사부면古沙夫面
삼국사기(당주현)				고사주古四州 평왜현平倭縣 (고사부촌古沙夫村)
고려사 식화지		희안喜安	주을포主乙浦 제안포濟安浦	고사주古四州 평왜현平倭縣 (고사부촌古沙夫村)
구당서 유인궤전		백강白江	주류周留	고사주古四州 평왜현平倭縣 (고사부촌古沙夫村)
당서 유인궤전		백강白江	주류周留	고사주古四州 평왜현平倭縣 (고사부촌古沙夫村)
일본서기 천지기	가파리빈 加巴利濱		소류疎留	고사주古四州 평왜현平倭縣 (고사부촌古沙夫村)
일본서기 천지기		백촌白村 백촌강白村江	주유州柔	고사주古四州 평왜현平倭縣 (고사부촌古沙夫村)
일본서기 제명기			도도기류都岐留 (도류기都留岐)	고사주古四州 평왜현平倭縣 (고사부촌古沙夫村)
위지 마한전	지반국支半國		첩로국捷盧國	구소국狗素國
진서 장화전		신미국新彌國 (의산대해依山帶海)		구소국狗素國
한원翰苑				구소狗素
일본서기 신공기	지반支半		의류촌意流村 (주류수기州流須祇)	고사읍古四邑 고사다古沙다
문헌비고 산천 동국여지승람 세종실록지리지		동진東津, 환장포患長浦 동진東津	제안포濟安浦 옥포玉浦	
오만분지일지도 현재 지명	지비리芝飛里 구지리九芝里 계화도界火島 대벌리大伐里	백산白山 동진강東津江 흔량리欣浪里 백양리白良里	사산蓑山(도롱이뫼) 줄포茁浦	금사동산성金寺洞山城